冬小麦条锈病 遥感监测研究

◎ 王利民 刘佳 刘薇 著

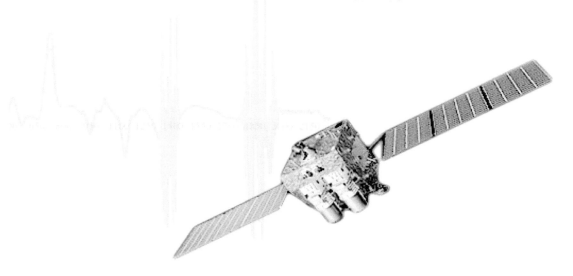

中国农业科学技术出版社

图书在版编目（CIP）数据

冬小麦条锈病遥感监测研究 / 王利民，刘佳，刘薇著. —北京：
中国农业科学技术出版社，2019.6

ISBN 978-7-5116-4154-0

Ⅰ. ①冬… Ⅱ. ①王… ②刘… ③刘… Ⅲ. ①遥感技术—应用—
冬小麦—条锈病—病虫害预测预报—研究 Ⅳ. ①S435.121.4-39

中国版本图书馆 CIP 数据核字（2019）第 078080 号

责任编辑	于建慧	
责任校对	李向荣	

出 版 者	中国农业科学技术出版社	
	北京市中关村南大街12号　　　邮编：100081	
电　　话	（010）82109708（编辑室）　（010）82109702（发行部）	
	（010）82109709（读者服务部）	
传　　真	（010）82106650	
网　　址	http://www.castp.cn	
经 销 者	全国各地新华书店	
印 刷 者	北京建宏印刷有限公司	
开　　本	710mm×1 000mm　1/16	
印　　张	7.75	
字　　数	120千字	
版　　次	2019年6月第1版　　2019年6月第1次印刷	
定　　价	80.00元	

前　言

　　小麦是中国最为重要的粮食作物之一，约占全国粮食产量的20.3%。小麦条锈病（*Puccinia striiformis* West. f. sp. tritici Eriks et Henn）是小麦锈病的一种，在流行年份可减产20%～30%，严重地块甚至绝收。近年来，随着航天技术的快速发展，中高空间分辨率遥感数据日益增多，给小麦条锈病遥感监测提供了契机。笔者采用地面观测的高光谱数据、国产16m空间分辨率的GF-1/WFV数据以及国际上常用的10m、20m空间分辨率的Sentinel 2A数据，在条锈病敏感波段分析基础上，以陕西宝鸡市、河南西华县、河南内乡县作为研究区域，开展了冬小麦条锈病遥感监测研究。

　　该书是对这些研究比较系统性的总结，共包括八章，第一章是农作物病害遥感监测背景，是对农作物病害遥感监测的简要回顾；第二章是冬小麦条锈病遥感监测研究区域概况，主要介绍了该书中涉及研究区域的地理、气候、农业资源概况；第三章是冬小麦条锈病敏感波段分析，主要介绍了基于地面观测高光谱数据获取条锈病敏感波段的分析过程；第四章是国产GF-1数据冬小麦条锈病遥感监测应用；第五章是国外Sentinel-2数据冬小麦条锈病遥感监测应用；第六章是国外Landsat 8/OLI数据的条锈病监测应用，分别介绍了国产GF-1、国外Sentienl-2、Landsat 8/OLI遥感数据病害监测的基本流程与结果；第七章涉及冬小麦条锈病遥感监测原型系统开发，主要是在比较成熟算法基础上形成固化的软件过程，以便为遥感监测业务提供支撑；第八章是农作物病害遥感监测应用前景的展望，主要是立足于病害遥感监测特点，结合遥感技术发展趋势，对农作物病害遥感监测应用趋势进行了展望。

　　该书是作者对冬小麦条锈病遥感监测技术研究、业务工作的总结，可供从事病害监测研究同行参考。不足之处，尚请指正。

目　录

第一章
农作物病害遥感监测的背景

本章在农作物病害遥感监测必要性分析基础上，对国内外农作物病害遥感监测进展进行了概述，以方便相关研究、业务人员对病害遥感监测有比较全面的了解，利于后续工作的开展。

第一节　小麦病害遥感监测的重要性

小麦是我国的第二大粮食作物，也是我国九大优势农作物之一，2017年，全国栽培面积达2 450.8万hm²，产量达1.34亿t左右（国家统计局，2018）。全球记载的小麦病害有200多种，我国发生较重的有包括小麦条锈病和小麦白粉病在内的20多种（董金皋等，2001；张玉聚等，2010）。小麦条锈病是小麦锈病的一种，在我国3种小麦锈病中以小麦条锈病发生最为广泛，小麦条锈病是由病原*puccinia striiformis*引起，主要发生在西北、西南、黄淮等冬麦区和西北春麦区（李春莲，2013；李振崎等，2002），在流行年份可减产20%～30%，严重地块甚至绝收。小麦白粉病是另一种全球性病害，在各地小麦产区均有分布，被害麦田一般减产10%左右，严重地块损失高达20%～30%，个别地块甚至达到50%以上（于凤翠，2011）。小麦白粉病是由病原*Blumeria graminis* f. sp. tritici引起，在苗期至成株期均可为害。发病严重时植株矮小细弱，穗小粒少，千粒重明显下降，严重影响产量（张玉聚等，2010）。20世纪70年代以前，此病害主要在局部地区发生严重，70年代后期以来其发生范围和面积不断扩大，目前已上升为我

1

国小麦的主要病害（全国农业技术推广服务中心，2008）。《中国农作物主要生物灾害实录》中记载，新中国成立以来小麦条锈病分别在1950年、1964年、1983年、1985年、1990年发生过不同程度的大流行，小麦白粉病在1989年、1990年、1991年连续3年发生大流行，给我国小麦生产造成了巨大的损失。因此，如何对小麦病害进行早期识别进而预防意义重大。传统病害监测方式是在田间进行采样调查、目视判断，根据病害发病后引起的斑点、变色、坏死或萎蔫等症状判断病害类型及危害程度。此时的病害已然对植株造成了损伤，这种病害识别方式的滞后也对此后的病害防治带来了很大的困难。此外，该种方式费时费力、代表性差、重复性差。而遥感技术以其特有的优势，在病害监测方面表现出了巨大的应用潜力，尤其是高光谱遥感技术（简俊凡等，2018），具有除可见光之外的波段数据，特别是近红外波段数据在病害识别方面非常有效。病害发生初期，受害植株叶片内部结构发生变化，在表现出外部病状之前，病叶的近红外波段数据便发生了变化，这就为利用遥感技术对病害进行早期监测提供了理论基础（王晓丽等，2010）。对小麦来说，小麦主要病害在越冬越夏之后常常会形成发病中心，若能对病害进行早期诊断，对发病中心局部用药，不仅能够很好地预防病害的扩散和蔓延，提高作物产量，而且可以减少农药用量降低农业投入提高生态效益（Jonas et al.，2007）。相信在不久的将来，遥感监测必将成为作物灾害监测的主要方式。

第二节　国内外农作物病害遥感监测背景

病虫害对植物生长造成的影响主要有两种表现形式，一种是植物外部形态的变化，另一种是植物内部的生理变化。外部形态变化特征有落叶、卷叶，叶片幼芽被吞噬，枝条枯萎，导致冠层形状起变化。生理变化则会表现为叶绿素组织遭受破坏，光合作用、养分水分吸收、运输、转化等机能衰退。但无论是形态的或生理的变化，都必然导致植物光谱反射与辐射特性的变化，从而使遥感图像光谱值发生变异（戴昌达，1992）。红边

（red edge）是由于植被在红光波段叶绿素强烈的吸收与近红外波段光在叶片内部的多次散射而形成的强反射造成，当植物由于感染病虫害或因污染或物候变化而失绿时，红边则向蓝光方向移动（浦瑞良等，2000）。小麦病害侵染小麦后会使植株发生上述变化，通过分析光谱反射率的差异即可区分受害植株和健康植株达到监测小麦病害的目的。

目前对小麦病害的研究主要是从单叶及冠层水平、航空遥感和卫星遥感4个水平进行研究。主要的发展方向有两个：其一是继续深入研究单叶或冠层光谱特性，探求更加敏感的植被指数或更加有效的数据处理方法；其二是逐渐向高空平台遥感进行研究，并对比各平台信息的差异以求找到数据的跨平台交互使用。在我国，小麦条锈病和白粉病是发生面积最广，危害程度最重的病害，前人对小麦病害的研究也主要集中在这两种病害上。现对各水平的研究现状进行分述。

一、单叶水平的研究进展

因为单叶水平的研究可以在实验室内进行，外界条件可控，排除外界因素对实验数据的干扰，在初期探索阶段是一种很好的方式，这种理想化的实验条件可以使我们更好地分析实验所得数据，为之后冠层水平或更高水平的研究奠定基础。

在单叶水平的研究上，安虎等（2005）利用ASD光谱仪和外置积分球对小麦条锈病光谱进行了测定，通过逐步回归分析建立了相应的模型。王海光等（2007）利用相同的设备采集了8个不同严重度的条锈病叶片的高光谱数据，并使用支持向量机（SVM）算法建立了相关模型，证明了高光谱数据用于小麦条锈病严重度识别的可行性。Zhang Jingcheng等（2012）使用高光谱测量值提取了32个光谱特征并通过回归分析和独立检验进行了验证，回归分析过程使用了多元回归模型（MLR）和局部最小二乘回归模型（PLSR），得出了PLSR监测病害严重度比MLR更有效的结论。除此之外，还使用连续小波分析提取小波特征，利用该特征和传统光谱特征建立相应的回归模型，利用小波特征建立的回归模型对评估病害严重度更加有效。Du Shizhou等（2012）发现监测小麦白粉病的理想波段为

630～680nm，利用连续统去除法对光谱数据处理后，病害严重度与光谱吸收高度、吸收宽度和吸收位置有显著负相关并且基于该方法建立的模型具有很高的监测精度。

二、冠层水平的研究进展

冠层水平的研究将实验地点从实验室转向了大田。大田环境下，太阳辐射量、风力状况和云层情况都会对实验数据造成影响。由于田间环境的相对复杂性，也使得实验过程必须遵循一定的准则：为了消除太阳高度角和太阳辐射的差异，必须在地方时9：30—15：30进行观测，且观测当天要求晴朗无风；为减少反射光对观测目标的影响，观测人员必须身着深色服装，观测过程中观测者应面向太阳站立于目标区后方；为保证实验数据的可靠性，探测头的观测角度必须要保持一致且对同一点的观测次数不少于10次（王纪华等，2008）。国内外很多学者对小麦病害的光谱研究也开始于冠层，Jacakson（1986）早在1986年就对作物冠层光谱做过初步的研究，对生物逆境和非生物逆境造成的光谱变化做了详细的分析，并对未来的发展方向——利用定量分析确定逆境原因和严重度做出了科学的预测。Dimitrios Moshou等（2004）在小麦条锈病发病初期，通过对健康小麦和感病小麦冠层反射率的研究，证明了田间自然照明的情况下可以区分感染条锈病植株和健康植株，并通过神经网络方法的使用提高了分类精度。

国内相关的研究起步较晚，2000年以前鲜有报道，最早对受害作物光谱进行专门研究的当属吴曙雯等（2002）于2002年对稻叶瘟病光谱特征进行的研究。对小麦病害进行的光谱研究始于2003年，黄木易等（2003，2004）对条锈病侵染的小麦光谱特征进行了逐步探究，定量地分析了受病害冬小麦和对照冬小麦冠层光谱在绿光区、黄光区和近红外区反射特征的差异并将病情指数及光谱数据进行了相关分析，此外还通过分析不同小麦条锈病病情指数（DI）及其光谱反射率数据，确定了两者相关性高的波段并且解释了遥感监测的机理。

黄文江等（2005）选取不同抗性的小麦品种进行不同梯度的条锈病田间接种实验，并测定了冠层光谱及对应的病情指数，通过构建病情指数证明了反演条锈病严重度的理论和方法是可行的。此外，蔡成静等（2005）通过对单叶和冠层光谱反射率的研究发现，930nm附近，病情指数与光谱反射率有极显著的相关性。蒋金豹等（2007，2010）分别测定染病冬小麦冠层光谱及其病情指数，并将高光谱数据进行一阶微分处理，分析微分数据和病情指数的相关性，选取不同的微分变量建立了各自的估测病情指数模型。通过比较不同模型间的预测精度，确定了估测病情的最佳指数，进而证明了运用高光谱数据监测作物早期病害的可行性。此外，还通过提取小麦冠层高光谱数据的红边位置、黄边位置以及两者间的距离信息，得出了红边与黄边位置能较好地识别小麦条锈病的结论。Yang Keming等（2008）建立了特征位置和参数的模型（FPPM）并提供了提取病害信息的新指数即多时相归一化植被指数（MT-NDVI），证明了FPPM模型可以实时地精确监测小麦病害。同时证明了MT-NDVI方法可以清楚地区分病害的严重程度，并且引入了自组织特征映射模型（SOM）进行条锈病危害度的聚类分析。陈云浩等（2009）利用主成分分析方法证明了以红边峰值区一阶微分总和与绿边峰值区一阶微分总和的比值（SDr′/SDg′）为变量的模型适合监测冬小麦的早期病害，以一阶微分主成分（PCs）为变量的模型适合监测条锈病较为严重的时期。郭洁滨等（2009）通过对冠层光谱数据和条锈病病情指数进行相关性分析，得出冠层反射率在可见光区和病情指数正相关，在近红外区为显著负相关的结论。刘良云等（2009）分析了感染小麦条锈病、白粉病的冬小麦在主要生育期的光谱特征及其变化，发现染病小麦冠层光谱红边蓝移，红边振幅减小，NDVI值减小。

　　为探讨通过小波特征监测小麦条锈病发病程度的可行性，利用连续小波变换提取的小麦冠层光谱350～1 300nm范围内的9个小波特征和传统光谱特征（植被指数、一阶微分变换特征和连续统特征），借助偏最小二乘回归（PLSR）建立反演模型，分别将传统光谱特征（SFs）、小波特征（WFs）及传统光谱特征与小波特征结合（SFs & WFs）作为模型的输入，对小麦条锈病病情进行反演。结果表明：（1）小波特征与条锈病严重度的相关性比传统光谱特征强；（2）基于小波特征的模型估测精度（R^2为0.837）优于基于传统光谱特征的模型估测精度（R^2为0.824）；

（3）传统光谱特征与小波特征结合的模型精度最高，R^2为0.876，RMSE仅为0.096，因而传统光谱特征与小波特征相结合能够更好地对小麦条锈病病情严重度进行估测（鲁军景等，2015）。

通过开展小麦条锈病接种试验，在多个关键生育期获取被动式的冠层光谱和主动式的叶片生理观测并开展病情调查。在此基础上，结合优选的光谱特征和生理特征采用偏最小二乘回归方法（PLSR）构建病情严重度反演模型，得到不同生育期精度表现最优的特征组合。结果显示，基于光谱观测的优选光谱特征和基于叶片生理观测的Flav（类黄酮相对含量）、Chl（叶绿素含量）的不同组合在小麦挑旗期、灌浆早期和灌浆期分别具有较佳表现，模型精度达到R^2=0.90，RMSE=0.026。相比单纯采用光谱特征，综合冠层光谱和叶片生理观测能够使模型精度提高21%，表明两种数据的结合有利于提高病情严重度估测精度（艾效夷等，2016）。上述研究可为小麦病害监测仪器的开发提供新的模式和思路。

三、基于航空遥感平台的研究进展

航空遥感由于距离作物冠层较远，受近地大气的影响也较为明显，因此必须选择晴朗无风的天气进行观测，尽量减少大气对试验结果的影响。航空遥感的一大优势是观测范围更广，应用性更强。但噪声消除和实验数据处理方法一直是应用瓶颈，严重影响着监测结果的准确性。蔡成静等（2009）使用ASD手持野外光谱仪分别采集了近地和高空的小麦冠层高光谱遥感数据，通过对比两个不同平台的高光谱数据，得出在可见光区域高空光谱反射率明显大于近地光谱反射率的结论。并对反射率差异明显的绿峰和黄边处数据进行回归分析，获得了高空和近地光谱反射率值之间的回归模型。乔红波等（2006）利用手持式高光谱仪和基于数字技术的低空遥感系统（运载工具为航模飞机，传感器为加UV镜头的数码相机）在地面平台和低空遥感平台上对小麦白粉病进行了监测，并分析了低空遥感图像红、绿、蓝3个波段光谱反射率与病情指数、归一化植被指数（NDVI）的相关性。进一步证明了遥感技术应用于监测小麦白粉病的广泛前景。刘伟等（2018）分别利用近地高光谱和低空航拍数字图像同时对田间小麦条锈病的发生情况进行监测，结果表明近地高光谱遥感参数DVI、NDVI、GNDVI和低空航拍数字图像颜色特征值R、G、B与病情指数存在极显著相关性，整体上，所选近地高光谱参数与病情指数的相关性要优于低空航拍数字图像参数与病情指数的相关性，而且近地高光谱参数DVI、NDVI、GNDVI与低空航拍数字图像参数R、G、B之间均存在极显著负相关关系。分别建立了基于近地高光谱参数GNDVI和低空航拍数字图像参数R的田间小麦条锈病病情估计模型，模型均达到较好的拟合效果。

四、基于卫星遥感平台的研究进展

由于观测面积大，重访周期短且周期较为固定等优点，卫星平台遥感成为大范围监测小麦病害的绝佳措施。随着各国人造地球卫星的陆续升空，卫星影像质量不断提高，获取数据更加便捷，影像成本也逐渐降低并有逐渐共享化、免费化的趋势。伴随着研究者对影像处理方法研究的逐渐深入，卫星遥感监测小麦病害大势所趋。由于早期我国航天技术和传感器技术的相对落后，国内学者研究较少，相关研究多由国外报道，Kanemasu ET等（1974）在1974年通过分析陆地卫星一号（ERTS-1）各波段数据组合，发现小麦病害和产量与卫星某些波段数据组合有一定的相关性。

近来，相关的研究逐渐增多，刘良云等（2009）基于TM遥感影像数据建立了作物产量的预测模型，分别预测条锈病、白粉病和对照地块的小麦产量并根据实测产量定量计算了条锈病和白粉病的产量损失。张玉萍等（2009）通过对SPOT2卫星和近地小麦条锈病光谱反射率进行对比分析得出，SPOT2卫星的波段3可用于小麦条锈病的遥感监测。郭洁滨等（2009）分析SPOT5影像后发现，利用卫星影像上提取的归一化差值植被指数（NDVI）和比值植被指数（RVI）对小麦条锈病进行监测是可行的。王利民等（2017）在不同冬小麦品种识别基础上构建冬小麦条锈病指数（wheat stripe rust index，WSRI），结合地面实地调查的条锈病分布数据,通过设定合理的WSRI指数划分阈值,提取条锈病染病区域并进行精度验证。结果表明,研究区内小麦条锈病空间分布识别的总体精度在84.0%以上,表明宽波段GF-1影像结合WSRI指数的技术,是一种比较可行的小麦条锈病遥感监测方案。

通过以上的总结可以看出光谱研究的内容主要集中在:敏感波段的识别;植被指数的构建;光谱数据的处理方法和分析方法。不同病害危害导致作物光谱反应虽各不相同,但敏感波段大多集中在650nm和800nm左右;不同研究者针对不同的病害所创建的植被指数各不相同,具有广泛适用性的植被指数尚未发现;光谱数据的处理主要包括数据的一阶微分处理和不同波段数据相除,光谱数据的分析方法主要包括聚类分析、回归分析、相关分析、方差分析、二次判别式分析、主成分分析多元线性回归分析、支持向量机、连续小波分析、神经网络分析等。

小麦病害发病时会伴随着变色、萎蔫等外部特征的变化。一些田间的逆境因素(如干旱、土壤贫瘠等)也会产生相似的变化,如何分辨生理病害和非生理性病害的差异及不同种类病虫害监测至关重要。Zhang Jingcheng等(2012)通过对比对养分胁迫敏感的波段和对条锈病侵染敏感的波段的差异,最终确定了只对条锈病敏感的生理反射指数(PhRI),证明了PhRI在监测小麦条锈病上的应用潜力。乔红波等(2010)分别研究了冬小麦在条锈病、白粉病和麦长管蚜为害条件下冠层光谱反射率,使用一阶微分、对数及归一化等数据变换方式,通过初步判别、线性判别和分层聚类等方法对不同病虫害进行了识别,提高了对病虫害识别的精度。

参考文献

艾效夷,宋伟东,张竞成,等. 2016. 结合冠层光谱和叶片生理观测的小麦条锈病监测模型研究[J]. 植物保护,42(2):38-46.

安虎,王海光,刘荣英,等. 2005. 小麦条锈病单片病叶特征光谱的初步研究[J]. 中国植保导刊,25(11):8-11.

蔡成静，马占鸿，王海光，等. 2007. 小麦条锈病高光谱近地与高空遥感监测比较研究[J]. 植物病理学报，37（1）：77-82.

蔡成静，王海光，安虎，等. 2005. 小麦条锈病高光谱遥感监测技术研究[J]. 西北农林科技大学学报（自然科学版），33：31-36.

陈云浩，蒋金豹，黄文江，等. 2009. 主成分分析法与植被指数经验方法估测冬小麦条锈病严重度的对比研究[J]. 光谱学与光谱分析，29（8）：2 161-2 165.

戴昌达. 1992. 植物病虫害的遥感监测[J]. 自然灾害学报，1（2）：40-46.

董金皋，李洪连，王建明，等. 2001. 农业植物病理学（北方本）[M]. 北京：中国农业出版社.

郭洁滨，黄冲，王海光，等. 2009. 基于SPOT5影像的小麦条锈病遥感监测初探[J]. 植物保护学报，36（5）：473-474.

郭洁滨，黄冲，王海光，等. 2009. 基于高光谱遥感技术的不同小麦品种条锈病病情指数的反演[J]. 光谱学与光谱分析，29（12）：3 353-3 357.

国家统计局. 2018. 中国统计年鉴2018[M]. 北京：中国统计出版社.

黄木易，黄义德，黄文江，等. 2004. 冬小麦条锈病生理变化及遥感机理[J]. 安徽农业科学，32（1）：132-134.

黄木易，王纪华，黄文江，等. 2003. 冬小麦条锈病的光谱特征及遥感监测[J]. 农业工程学报，19（6）：154-158.

黄文江，黄木易，刘良云. 2005. 利用高光谱指数进行冬小麦条锈病严重度的反演研究[J]. 农业工程学报，21（4）：97-103.

简俊凡，何宏昌，王晓飞，等. 2018. 农作物病虫害遥感监测综述[J]. 测绘通报，（9）：24-28.

姜瑞中，曾昭慧，刘万才，等. 2005. 中国农作物主要生物灾害实录1949—2000[M]. 北京：中国农业出版社.

蒋金豹，陈云浩，黄文江，等. 2007. 冬小麦条锈病严重度高光谱遥感反演模型研究[J]. 南京农业大学学报，30（3）：63-67.

蒋金豹，陈云浩，黄文江. 2010. 利用高光谱红边与黄边位置距离识别小麦条锈病[J]. 光谱学与光谱分析，30（6）：1 614-1 618.

李春莲，靳凤，薛芳，等. 2013. 关中主要小麦品种抗条锈病鉴定及抗病品种遗传多样性分析[J]. 西北农业学报，22（11）：77-81.

李振崎，曾世迈. 2002. 中国小麦锈病[M]. 北京：中国农业出版社.

刘良云，宋晓宇，李村军，等. 2009. 冬小麦病害与产量损失的多时相遥感监测[J]. 农业工程学报，25（1）：137-143.

刘伟，杨共强，徐飞，等. 2018. 近地高光谱和低空航拍数字图像遥感监测小麦条锈病的比较研究[J]. 植物病理学报，48（2）：223-227.

鲁军景，黄文江，蒋金豹，等. 2015. 小波特征与传统光谱特征估测冬小麦条锈病病情严重度的对比研究[J]. 麦类作物学报，35（10）：1 456-1 461.

浦瑞良，宫鹏. 2000. 高光谱遥感及其应用[M]. 北京：高等教育出版社.

乔红波，周益林，白由路，等. 2006. 地面高光谱和低空遥感监测小麦白粉病初探[J]. 植物保护学报，33（4）：341-344.

乔红波，夏斌，马新明，等. 2010. 冬小麦病虫害的高光谱识别方法研究[J]. 麦类作物学报，30（4）：770-774.

全国农业技术推广服务中心. 2008. 小麦病虫草害发生与监控[M]. 北京：中国农业出版社.

王海光，马占鸿，王韬，等. 2007. 高光谱在小麦条锈病严重度分级识别中的应用[J]. 光谱学与光谱分析，27（9）：1 811-1 814.

王纪华，赵春江，黄文江，等. 2008. 农业定量遥感基础与应用[M]. 北京：科学出版社.

王利民，刘佳，杨福刚，等. 2017. 基于GF-1/WFV数据的冬小麦条锈病遥感监测[J]. 农业工程学报，33（20）：153-160.

王晓丽，周国民. 2010. 基于近红外光谱技术的农作物病害诊断[J]. 农机化研究（6）：171-174.

吴曙雯，王人潮，陈晓斌，等. 2002. 稻叶瘟对水稻光谱特性的影响研究[J]. 上海交通大学学报（农业科学版），20（1）：73-84.

于凤翠，吴重言，孙永莲，等. 2011. 30%戊唑醇SC防治小麦白粉病和叶锈病效果试验[J]. 上海农业科技（5）：137，139.

张玉聚，李洪连，张振臣，等. 2010. 中国农作物病虫害原色图解[M]. 北京：中国农业科学技术出版社.

张玉萍，郭洁滨，王爽，等. 2009. 小麦条锈病卫星与近地光谱反射率的比较[J]. 植物保护学报，36（2）：119-122.

Dimitrios Moshou，Cédric Bravo，Jonathan West，et al. 2004. Automatic detection of yellow rust in wheat using reflectance measurements and neural networks[J]. Computers and Electronics in Agriculture，44：173-188.

Du Shizhou，Huang Wenjiang，Wang Rongfu，et al. 2012. Application of Continuum Removal Method for Estimating Disease Severity Level of Wheat Powdery Mildew[J]. Advanced Materials Research，396-398：2 012-2 017.

Jonas Franke, Gunter Menz. 2007. Multi-temporal wheat disease detection by multi-spectral remote sensing[J]. Precision Agriculture, 8: 161-172.

Kanemasu E T, Niblett C L, Manges H, et al. 1974. Wheat: its growth and disease severity as deduced from ERTS-1. Remote Sens Environ, 3 (4): 255-260.

Ray D. Jackson. 1986. Remote sensing of biotic and abiotic plant stress[J]. Ann. Rev. Phylopalhol. 24: 265-87.

Yang Keming, Chen Yunhao, Guo Dazhi, et al. 2008. Spectral information detection and extraction of wheat stripe rust based on hyperspectral image[J]. Acta Photonica Sinica, 37 (1): 145-151.

Zhang Jingcheng, Pu Ruiliang, Wang Jihua, et al. 2012. Detecting powdery mildew of winter wheat using leaf level hyperspectral measurements[J]. Computers and Electronics in Agriculture, 85: 13-23.

Zhang Jingcheng, Pu Ruiliang, Huang Wenjiang, et al. 2012. Using in-situ hyperspectral data for detecting and discriminating yellow rust disease from nutrient stress[J]. Field Crop Research, 134: 165-174.

Zhang Jingcheng, Yuan Lin, Wang Jihua, et al. 2012. Spectroscopic Leaf Detection of Powdery Mildew for Winter Wheat Using Continuous Wavelet Analysis[J]. Journal of Integrative Agriculture, 11 (9): 1 474-1 484.

第二章
冬小麦条锈病遥感监测研究区概况

通常认为，冬小麦条锈病传播是从甘肃南部越冬，然后沿关中平原向黄淮海平原发展，到华北平原的北部已经不构成太大的危害（陈万权等，2013）。在冬小麦条锈病遥感监测过程中，作者选择陕西省宝鸡市、河南省西华县、河南省内乡县3个区域作为观测、监测区域，主要是考虑到这些区域是冬小麦主产区，也是条锈病的高发区（Zeng et al.，2006），对条锈病的监测具有典型性。

第一节　陕西省宝鸡市研究区

宝鸡市地处关中平原西部，是陕西省第二大城市，地理位置在106°18′—108°03′E，33°35′—35°06′N，总面积18 117km²，其中耕地总面积37.87万hm²。属暖温带半湿润气候，全年气候变化受东亚季风（包括高原季风）控制，四季分明，夏季炎热多雨，冬季寒冷干燥，日照比较充足，大部分地区年平均日照时数在2 000～2 200h，年平均气温7.6～12.9℃，年平均降水量在590～900mm。宝鸡市地形地貌以山地、丘陵为主，且地质地貌结构复杂，南、西、北三面环山，形成了秦岭、关山山地和渭北黄土台塬、渭河谷地等不同区域，平均海拔为618m。宝鸡市农作物主要以小麦、玉米、豆类为主，其中小麦播种面积为18.39万hm²，占粮食作物播种面积的56.62%（宝鸡市统计局，2017），是宝鸡市最主要的粮食作物。然而宝鸡市地处小麦条锈病向关中地区传播的桥梁地带，是条锈病常发区、重发区，对小麦产量造成很大的影响（张俊文等，2010）。研究区位置图如图2-1所示。

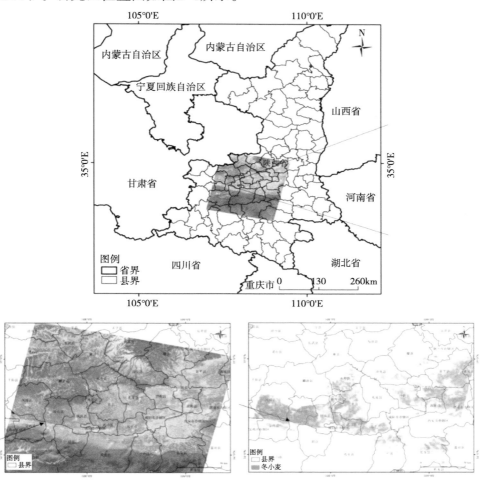

图2-1　陕西省宝鸡市研究区位

第二节　河南省西华县研究区

西华县位于河南省东部，行政建制属于周口市管辖。地理位置114°5′—114°43′E，33°36′—33°39′N，总面积1 194km²，耕地面积73 300hm²。属暖温带半湿润季风气候，四季分明，光照充足，年平均气温14℃。平均降水量750mm，平均日照时数1 971h，无霜期224d，最大风速10.6m/s。西华属黄河冲积平原，海拔高度在47.8～55.8m，西北略高于东南，地势平坦，土层深厚。盛产小麦、棉花、大豆、花生、大枣、苹果、桃子、芦笋等，2015年全县冬小麦种植面积68 000hm²（周口统计年鉴，2016年），占夏收粮食播种面积的100%。冬小麦病虫害主要有条锈病、麦蜘蛛、黄花叶病毒病、小麦纹枯病等。西华县具体区位如图2-2所示。

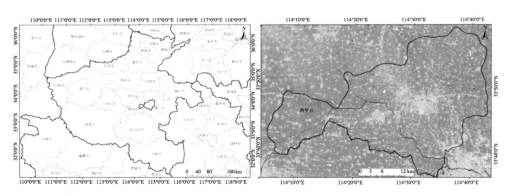

图2-2　河南省西华县研究区位

第三节　河南省内乡县研究区

内乡县是河南省南阳市下辖县，位于河南省西南部，南阳盆地西缘。内乡境内山地面积1 662.9km²，占全县总土地面积72.2%。北部山势呈西北—东南走向，中部和南部浅山南北延伸。县境内南部、西部和中部为丘陵区，丘陵区内有低山分布，面积为488.7km²，占总土地面积的21.3%。内乡县境处暖温带向北亚热带过渡地带，为亚热带季风性气候，具有明显的过渡气候特征：春季冷暖多变，温度呈跳跃上升，夏季炎热，冬季寒冷。在河南省土壤区划中，内乡属北亚热带黄棕壤地带。境内黄棕壤土类面积最大，其次是紫色土类、潮土类、棕壤土类、水稻土类、砂姜黑土类。内乡县主要农作物和经济作物质好丰裕，是全省优质烟叶和产粮基地。内乡县具体区位如图2-3所示。

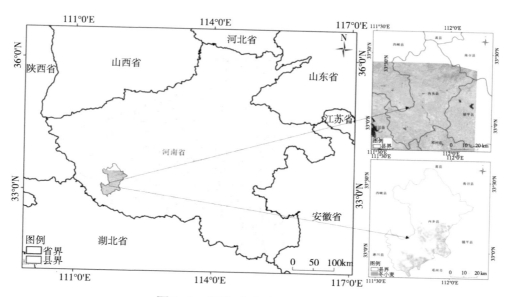

图2-3　河南省内乡县研究区位

参考文献

陈万权，康振生，马占鸿，等. 2013. 中国小麦条锈病综合治理理论与实践[J]. 中国农业科学，46（20）：4 254-4 262.

宝鸡市统计局. 2017. 宝鸡统计年鉴2017[M]. 北京：中国统计出版社.

张俊文，刘延虹. 2010. 宝鸡市近年小麦条锈病重发原因分析及综合治理技术[J]. 陕西农业科学（2）：100-102.

Zeng S M，Luo Y. 2006. Long-distance spread and interregional epidemics of wheat stripe rust in China[J]. Plant Disease，90（8）：980-988.

第三章
冬小麦条锈病监测敏感波段分析

冬小麦条锈病监测主要是在病害地面接种试验支持下，通过获取不同染病程度下冬小麦高光谱特征曲线的方式获取的。地面观测试验分别设置在陕西杨凌曹新庄、河南南阳市卧龙区清凉寺村，试验是在2017—2018年冬小麦生长季开展的。在两个区域设置观测试验的目的是进行平行对比，作为提取冬小麦条锈病敏感波段的理论基础。

第一节　研究方法

一、高光谱数据预处理除去异常值

由于环境影响、测量过程及设备本身误差等原因，原始测量数据出现小于0及大于1的数据，尤其在1 350~1 400nm和1 850~1 950nm区间数据波动明显，反射率测量数据明显异常。对于明显异常的数据，采用临近2个有效原始数据的平均值替代（Caren Kasler, et al., 2016）。

二、高光谱数据S-G滤波

Savitzky-Golay滤波器（通常简称为S-G滤波器）最初由Savitzky和Golay于1964年提出，发表于*Analytical Chemistry*（Savitzky et al., 1964）。之后被广泛地运用于数据流平滑除噪（Zuo et al., 2013；Hassanpour, 2008；Quan, 2012；权文婷等, 2015），是一种在时域内

基于局域多项式最小二乘法拟合的滤波方法。这种滤波器最大的特点在于滤除噪声的同时可以确保信号的形状、宽度不变。平滑滤波是光谱分析中常用的预处理方法之一。用S-G方法进行平滑滤波，可以提高光谱的平滑性，并降低噪声的干扰。

S-G滤波其实是一种移动窗口的加权平均算法，但是其加权系数不是简单的常数窗口，而是通过在滑动窗口内对给定高阶多项式的最小二乘拟合得出。用S-G滤波进行地面高光谱数据的重构能够获得较好的效果，可表示为

$$Y_j^* = \frac{\sum_{i=-m}^{m} C_i Y_{j+1}}{N}$$

式中，Y_j^*为地面高光谱数据的拟合值，Y_{j+1}为原始地面高光谱数据测量值，m为窗口宽度，定义为平均窗口大小的一半，N为滑动窗口所包括的数据点（即滤波器的长度），等于滑动数组的宽度（2m+1），C_i为S-G多项式拟合的系数，表示从滤波器首部开始第i个地面高光谱反射率值的权重。

滤波处理需要设定两个参数：一个是窗口宽度m，通常情况下m值越大滤波的结果越平滑；第二个是多项式拟合的阶数，一般设定在2～4范围内，较低的阶数使滤波的结果更加平滑，但会带来误差，而较高的阶数可以降低此项误差，但"过拟合"会带来噪声影响滤波结果。

三、高光谱数据一阶微分处理

获取小麦冠层的反射光谱数据，对原始光谱曲线进行一阶微分处理，计算方法如下：

$$\rho'(\lambda_i) = [\rho(\lambda_{i+1}) - \rho(\lambda_{i-1})]/\Delta\lambda$$

式中，λ_i为各波段波长，$\rho'(\lambda_i)$为一阶微分光谱，$\Delta\lambda$是波长λ_{i+1}到λ_{i-1}的间隔（王利民等，2017）。

四、连续统去除

连续统去除法的原理是对光谱反射率曲线进行噪声去除预处理，用归一化技术（也称作外壳系数法）对波长350～2 500nm范围内高光谱反射率特征进行计算并定量表达其光谱特征参量，吸收峰的位置、深度（罗善军等，2018）。

其求解过程为：根据反射率值的大小和整个谱线的斜率，找出曲线的各极大值点，用包络线将它们依次连接起来，定义为100%。然后计算每个光谱通道上实际反射率与包络线反射率（100%）的比值，求得比值反射率。波长位置是比值反射率的特征吸收峰对应的波长，深度是特征吸收峰的极小值点相对100%线的距离，数学表达式为：

去包络：$Rc=R/R_i$

吸收深度：$DEPTH = 1 - \min(R_c) \left| \dfrac{\lambda_2}{\lambda_1} \right.$

式中，R、R_i分别为波段i对应的原始光谱和包络线上的值；λ_1、λ_2分别为某吸收特征的波长范围（乔欣等，2008）。

第二节　基于杨凌区地面观测数据的敏感波段分析

一、杨凌区地面病害观测试验

1.地面接种试验

由于小麦条锈病发病情况年际差异大，基于自然发病地块的研究可操作性低。因此，对试验区域进行条锈病菌人工接种。在陕西杨凌曹新庄开展冬小麦条锈病小区接种试验，观测冬小麦条锈病光谱及其他生理生态指标，调查冬小麦条锈病发病情况。将试验区域划分为5×3共计15个小区进行不同的接种处理，南北方向分布有5个地块，5个地块分别进行如下处理。

CK对照处理：不接种；

处理1：低接种量处理（小区病菌接种量为0.06g）；

处理2：中低接种量处理（小区病菌接种量为0.24g）；

处理3：中高接种量处理（小区病菌接种量为0.48g）；

处理4：高接种量处理（小区病菌接种量为0.72g）。

为防止不同接种量小区间的影响，不同处理的小区间均设置过渡带。东西向分布有3个地块，分别对应3次重复试验，具体接种方案如图3-1所示。

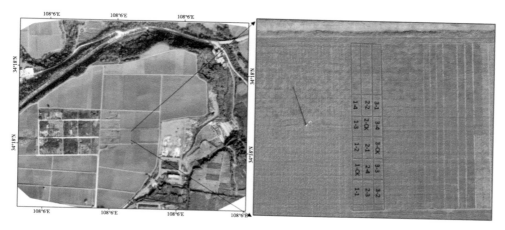

图3-1 杨凌区条锈病接种地块分布

2.地面高光谱测量

杨凌曹新庄试验区共观测光谱数据12期，地面病害发病程度调查2期，无人机航飞2期。每次进行地面高光谱测量时，每个小区内确定一个点进行测量，共计15个点。每个点重复测量10次，共计获得150条光谱曲线。为了避免随机误差，计算相同接种处理下的3次重复测量结果的均值，以此作为该接种处理小区的"标准光谱曲线"。

2018年5月15日正值杨凌区冬小麦乳熟期，叶片尚未褪绿变黄，条锈病发病对冬小麦叶片反射率影响较大，使得高光谱曲线的变化显著，因此选择5月15日测量的结果进行病害高光谱敏感波段的研究。

3.地面发病情况调查

为获得地面实际发病情况，在5月1日起每15天进行一次地面调查，地面调查采用平均严重度进行病害严重程度评价，严重度指病叶上条锈菌夏孢子堆所占据的面积与叶片总面积的相对百分率，用分级法表示，设1%、5%、10%、20%、40%、60%、80%和100%等8级。叶片未发病，记为"0"，虽然已发病，但严重度低于1%，记为微量，其他级别程度的病害在调查时参照小麦条锈病严重度分级标准图，目测估计严重度，记载平均严重度（NY/T 2738.1—2015，2015）。严重度分级标准如图5所示，平均严重度采用如下公式进行计算：

平均严重度（%）=Σ（各严重度级别×各级病叶数）/调查总病叶数。

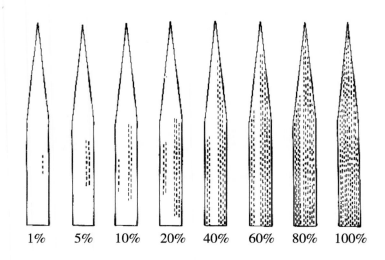

1%   5%   10%   20%   40%   60%   80%   100%

图3-2　小麦条锈病严重度分级标准

选择2018年5月15日的调查结果，按照不同处理方法计算3次重复结果严重度的平均值，结果如表3-1所示。结果表明，除低菌量处理外，病害发病严重度与接种量呈现正相关关系，低菌量处理的发病程度高，可能与3次低菌量处理的重复试验中，有2次地块位置都位于边缘区有关。2018年5月15日杨凌区试验区曹新庄条锈病真实发病情况如图3-3所示。

表3-1 杨凌区地面调查实际发病情况

处理方法	平均严重度（％）
不接种处理	4.00
中低菌量处理	6.23
中高菌量处理	10.48
高菌量处理	11.90
低菌量处理	42.50

不接种处理

低菌量处理

中高菌量处理

高菌量处理

中低菌量处理

图3-3 杨凌区曹新庄试验区实际发病情况

二、基于杨凌区地面光谱数据的敏感波段分析

1.常见波段说明

为了更加直观地认识波长与常见波段的对应关系，表3-2中整理了在轨多光谱卫星波段名称和对应的波段范围。

表3-2　常见波长一览表

波段名称	波长范围（nm）
蓝光波段	450～520
绿光波段	520～600
红光波段	630～690
近红外波段	760～900
红边波段	670～760
黄边波段	550～582

2.地面高光谱数据预处理

因环境因素、测量人员、仪器自身误差等原因，地面高光谱仪测定的原始数据无法直接使用，通常需要进行预处理过程。以2018年5月15日杨凌区中高接种量处理（小区病菌接种量为0.48g）的小区为例，对其高光谱均值反射率的预处理过程进行说明。预处理过程包括去除异常值和S-G滤波等过程。

以波长为横坐标，各波长对应的原始光谱反射率作为纵坐标，绘制高光谱反射率特征曲线，如图3-4所示。由图中可以看出曲线总体呈现出标准的植被光谱特征，但在1 400nm、1 900nm及2 500nm附近光谱反射率波动剧烈，且出现了较多异常值。反射率波动可能与植被在特定波长下的特点有关，异常值的出现可能由于测量环境、白板校正误差以及仪器本身误差等所致。

反射率理论值为0～1，小于0或者大于1的数据被认定为异常值，对于异常值，采用临近均值方法进行修正，即采用临近2个有效原始数据的平均值替代，去除异常值，去除异常值之后的光谱曲线如图3-5所示。图中可以看出，去除异常值后，曲线全部分布于0～1的值域范围内，但400nm、1 900nm及2 500nm附近波动现象仍然存在。

在去除异常值基础上，采用第一节第二部分中所述的S-G滤波方法对曲线进行滤波处理，滤波过程中，窗口宽度确定为51nm，多项式拟合的阶数为3阶，滤波后的结果如图3-6所示。图中可以看出，滤波后曲线整体更加平滑，波段反射率波动现象明显去除。

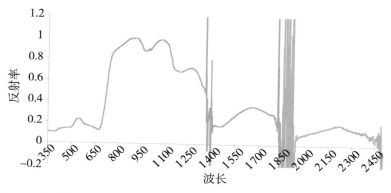

图3-4　杨凌区中高接种量处理小区原始光谱曲线（2018年5月15日）

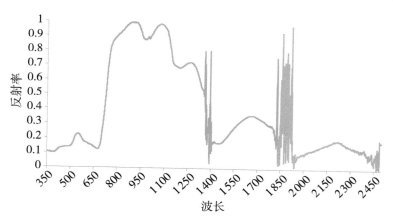

图3-5　杨凌区中高接种量处理小区去除异常值光谱曲线（2018年5月15日）

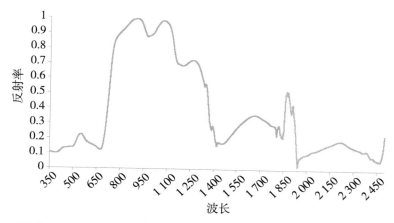

图3-6　杨凌区中高接种量处理小区S-G滤波后光谱曲线（2018年5月15日）

3.基于S-G滤波后光谱曲线的敏感波段分析

在第二节第一部分介绍的每个样方内选定一个点进行测量，每个点重复测量10次，按照处理方法的不同计算3次重复处理的均值并绘制不接种处理、低菌量接种处理、中低菌量接种处理、中高菌量接种处理和高菌量接种处理5种处理方法下S-G滤波后波段反射率曲线，不同发病程度下冬小麦反射率曲线如图3-7所示。

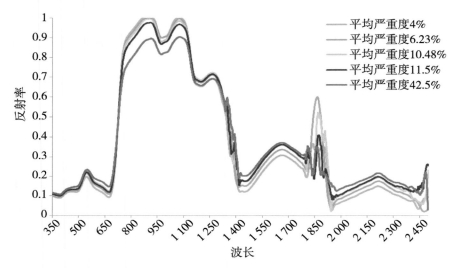

图3-7　杨凌区不同发病程度下S-G滤波后光谱曲线（2018年5月15日）

由图3-7可以看出，光谱曲线的反射率特征与地面调查实际发病情况是一致的，曲线的分布根据发病程度的不同呈现出有规律的排布，尤其是880nm、960nm、1 050nm、1 630nm和2 180nm处对病害十分敏感，880nm处的波峰值、960nm处的波谷值以及1 050nm处的波峰值与病害严重度呈现出负相关关系，即病害严重度越高，反射率值越低；1 630nm和2 180nm处的波峰值与病害严重度呈现出正相关关系，即病害严重度越高，反射率越高。

为了定量计算敏感波长与发病严重度之间的相关关系，以严重度为横坐标，以敏感波长处的反射率为纵坐标绘制二维分布图，并得到严重度与敏感波长处反射率的相关系数R^2。如图3-8所示。

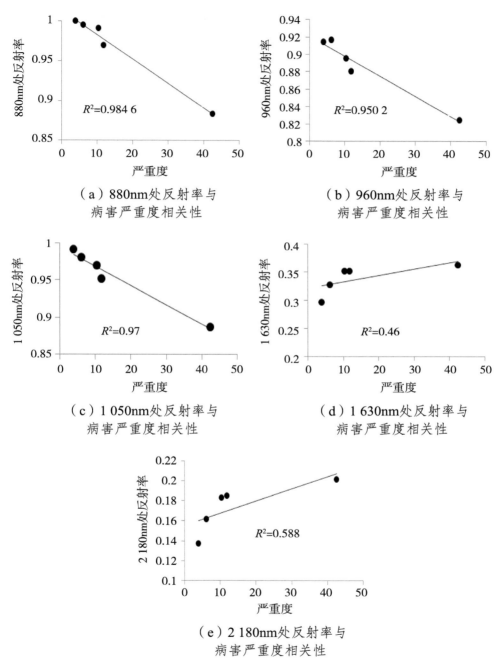

（a）880nm处反射率与
病害严重度相关性

（b）960nm处反射率与
病害严重度相关性

（c）1 050nm处反射率与
病害严重度相关性

（d）1 630nm处反射率与
病害严重度相关性

（e）2 180nm处反射率与
病害严重度相关性

图3-8 杨凌区严重度与敏感波长处反射率相关性

由图3-8可以看出，上述5个波段与病害的严重度相关性都较强，与病害严重度敏感性由高到低排序为880nm、1 050nm、960nm、2 180nm和1 630nm。

4.基于一阶微分处理的敏感波段分析

利用第一节第三部分中所述的方法，对高光谱数据进行一阶微分处理，以波长为横坐标，一阶微分处理结果为纵坐标，绘制曲线，如图3-9所示，图中可以看出700～750nm波段、1 130～1 140nm波段的一阶微分结果与病害发病严重度关系密切。

计算700～750nm范围内一阶微分之和、1 130～1 140nm范围内一阶微分之和，并计算一阶微分之和与病害严重度相关系数R^2，如图3-10所示，图中可以看出700～750nm及1 130～1 140nm波段的一阶微分之和与病害严重度都具有较高的相关性，且700～750nm处敏感性更高，该波段恰好位于红边波段内。

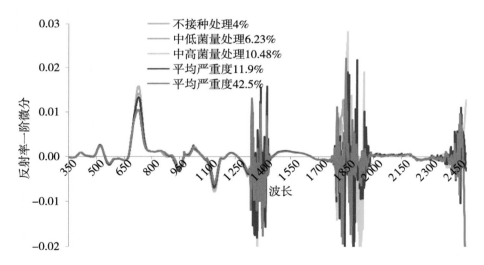

图3-9　杨凌冬小麦反射率一阶微分处理后光谱曲线

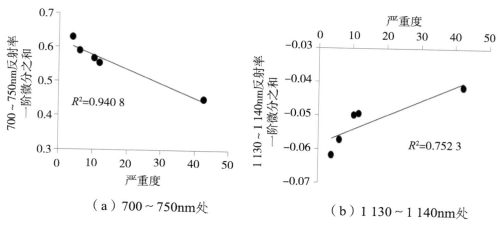

（a）700～750nm处　　　　　（b）1 130～1 140nm处

图3-10　杨凌冬小麦反射率一阶微分与病害严重度相关性

5.基于连续统去除反射率的敏感波段分析

利用第一节第四部分中所述的方法，对高光谱数据进行连续统去除处理，以波长为横坐标，连续统去除后的反射率为纵坐标，绘制曲线，如图3-11所示，图中可以看出蓝光波段450～520nm反射率谷、630～690nm红光波段反射率谷、520～600nm绿光波段反射率峰及1 160～1 180nm波段反射率谷与病害发病严重度关系密切。

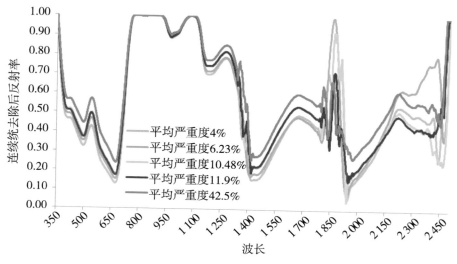

图3-11　杨凌冬小麦连续统去除后光谱曲线

计算经连续统去除后450～520nm蓝光波段反射率之和、520～600nm绿光波段反射率之和、630～690nm红光波段反射率之和及1 160～1 180nm波段反射率谷之和，并上述连续统去除后反射率之和与病害严重度相关系数R^2，如图3-12所示，图中可以看出敏感性最高的波段为红光波段、其次为蓝光波段、绿光波段和1 160～1 180nm波段。

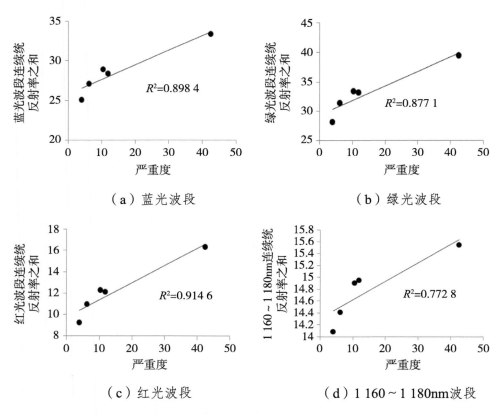

（a）蓝光波段　　　　　　　　　　　（b）绿光波段

（c）红光波段　　　　　　（d）1 160～1 180nm波段

图3-12　敏感波段连续统反射率之和与病害严重度相关性

三、杨凌观测结果敏感波段总结

通过S-G滤波、一阶微分处理、连续统去除3种方法对杨凌区地面高光谱数据敏感波段进行分析。S-G滤波实现了原始光谱曲线的平滑处理，经平滑后的原始曲线在880nm、960nm、1 050nm、1 630nm和2 180nm

处冬小麦冠层光谱反射率与病害发病程度具有高度相关性。通过一阶微分处理，反映了光谱反射率不同波段的变化规律，在700～750nm和1 130～1 140nm波段范围内冬小麦冠层光谱反射率变化与病害发病程度相关性较高。对冬小麦反射率数据进行连续统去除处理，得到冬小麦不同波段的吸收特征，在蓝光波段450～520nm反射率谷、630～690nm红光波段反射率谷、520～600nm绿光波段反射率峰及1 160～1 180nm波段反射率对病害严重程度敏感。不同处理方法下获得的敏感波段如表3-3所示。

表3-3　不同处理方法下杨凌区敏感波长及敏感波段

处理方法	杨凌区敏感波长/波段
S-G滤波	880nm
	960nm
	1 050nm
	1 630nm
	2 180nm
一阶微分处理	700～750nm
	1 130～1 140nm
连续统去除	450～520nm
	520～600nm
	630～690nm
	1 160～1 180nm

第三节　基于南阳市地面光谱数据的敏感波段分析

一、南阳地面病害观测试验

1.地面接种试验

在河南省南阳市开展冬小麦条锈病小区接种试验，观测冬小麦条锈病光谱及其他生理生态指标，调查冬小麦条锈病发病情况。每个试验区按照发病程度共设5个梯度，每个梯度3个重复，共15个发病样区，每个发病样区大小为2m×2m。另设一组对照组。将试验区域划分为5m×3m共计15个不同的小区进行不同的接种处理，东西方向分布有5个地块，5个地块分别进行如下处理。

CK对照处理：不接种；

处理1：低接种量处理（小区病菌接种量为0.12g）；

处理2：中低接种量处理（小区病菌接种量为0.45g）；

处理3：中高接种量处理（小区病菌接种量为0.8g）；

处理4：高接种量处理（小区病菌接种量为1.2g）。

为防止不同接种量小区间的影响，不同处理的小区间均设置过渡带。南北向分布有3个地块，分别对应3次重复试验，具体接种方案如图3-13所示。

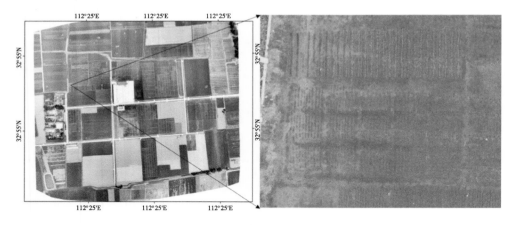

图3-13 南阳市条锈病接种地块分布

2.地面高光谱测量

河南省南阳市试验区共观测光谱数据5期，地面病害发病程度调查2期，无人机航飞4期。每次进行地面高光谱测量时，每个小区内确定一个点进行测量，共计15个点。每个点重复测量10次，共计获得150条光谱曲线。为了避免随机误差，计算相同接种处理下的3次重复测量结果的均值，以此作为该接种处理小区的"标准光谱曲线"。

南阳市较杨凌区的小麦物候期提前约10d，因此选择2018年4月24日作为地面高光谱调查的时间，此时南阳市的冬小麦恰逢乳熟期，叶片尚未褪绿变黄，条锈病发病对冬小麦叶片反射率影响较大，使得高光谱曲线的变化显著，因此选择4月24日测量的结果进行病害高光谱敏感波段的研究。

3.地面发病情况调查

为获得地面实际发病情况调查方法与第二节第一部分中所述内容一致，选择2018年4月底进行地面病害调查，按照不同处理方法计算3次重复结果严重度的平均值，结果如表3-4所示。结果表明，不接种处理情况下发病程度轻，随着接种量的增加发病程度逐渐增大。

表3-4 南阳市地面调查实际发病情况

处理方法	平均严重度/%
不接种处理	20
中高菌量处理	38
高菌量处理	50

4.基于南阳市地面光谱数据的敏感波段分析

与第二节第二部分处理方法和过程相同，在地面高光谱数据预处理的基础上，进行S-G滤波，获得不同接种处理下的冬小麦条锈病光谱曲线，如图3-14所示。可以发现南阳市不同发病程度下光谱曲线规律与杨凌区一致。敏感波长分别是880nm、970nm、1 060nm、1 650nm和2 200nm处。

南阳区域和杨凌区域在700~1 200nm波段内光谱反射率的值差异较大，主要由于两地采用两台型号相同但使用年限相差较大的高光谱仪进行的测量，另外，校正用的白板差异也对反射率绝对值造成一定的影响。

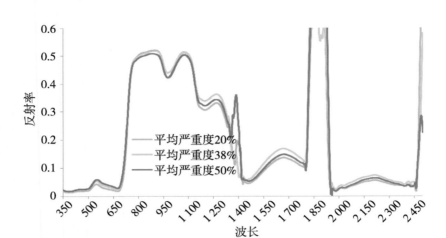

图3-14　南阳市不同接种处理情况下S-G滤波后光谱曲线

与第二节第二部分处理方法和过程相同，在地面高光谱数据预处理和S-G滤波的基础上，进行一阶微分处理，结果如图3-15所示。结果表明南阳市一阶微分处理后的曲线特征与杨凌区的一致，敏感波段为705～755nm及1 120～1 140nm。

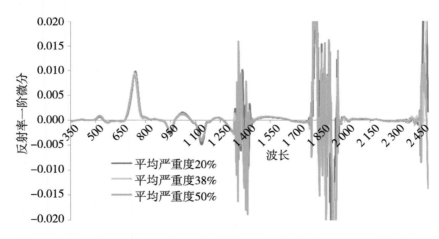

图3-15　南阳市不同接种处理情况下一阶微分处理后光谱曲线

与第二节第二部分处理方法和过程相同，在地面高光谱数据预处理和S-G滤波的基础上，进行连续统处理，结果如图3-16所示。结果表明南阳市连续统去除后的曲线特征与杨凌区的大致相当，敏感参数为

450～520nm蓝光波段反射率之和、520～600nm绿光波段反射率之和、630～690nm红光波段反射率之和。可以看出在蓝光和红光波段反射率差异较小，450～520nm蓝光波段反射率之和、630～690nm红光波段反射率之和与病害发病程度之间的相关性相对较低。

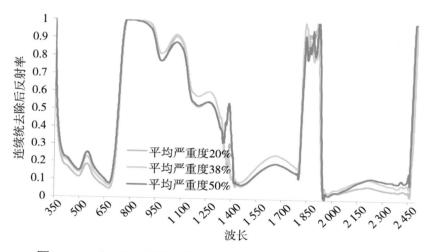

图3-16　南阳市不同接种处理情况下连续统去除后光谱曲线

二、基于南阳观测数据的小结

通过S-G滤波、一阶微分处理、连续统去除3种方法对杨凌区地面高光谱数据敏感波段进行分析。S-G滤波实现了原始光谱曲线的平滑处理，经平滑后的原始曲线在880nm、970nm、1 060nm、1 650nm和2 200nm处冬小麦冠层光谱反射率与病害发病程度具有高度相关性。通过一阶微分处理，反映了光谱反射率不同波段的变化规律，在705～755nm和1 120～1 140nm波段范围内冬小麦冠层光谱反射率变化与病害发病程度相关性较高。对冬小麦反射率数据进行连续统去除处理，得到冬小麦不同波段的吸收特征，520～600nm绿光波段反射率对病害严重程度敏感。不同处理方法下获得的敏感波段如表3-5所示。

表3-5　不同处理方法下南阳市敏感波长及敏感波段

处理方法	南阳市敏感波长/波段
S-G滤波	880nm
	970nm
	1 060nm
	1 650nm
	2 200nm
一阶微分处理	705～755nm
	1 120～1 140nm
	—
连续统去除	520～600nm
	—
	—

第四节　基于地面观测光谱数据的波段总结

通过S-G滤波、一阶微分处理、连续统去除3种方法对杨凌区和南阳市地面高光谱数据敏感波段进行分析，敏感波长和波段如表3-6所示。表中可以看出两地所得的敏感波长和敏感波段基本一致，与杨凌区域地面高光谱敏感波段结果相比，南阳区域红光波段、蓝光波段和1 160～1 180nm波段处敏感性较低。

表3-6　不同处理方法下杨凌区和南阳市敏感波长及敏感波段

处理方法	杨凌区敏感波长/波段	南阳敏感波长/波段
S-G滤波	880nm	880nm
	960nm	970nm
	1 050nm	1 060nm
	1 630nm	1 650nm
	2 180nm	2 200nm

（续表）

处理方法	杨凌区敏感波长/波段	南阳敏感波长/波段
一阶微分处理	700 ~ 750nm	705 ~ 755nm
	1 130 ~ 1 140nm	1 120 ~ 1 140nm
连续统去除	450 ~ 520nm	—
	520 ~ 600nm	520 ~ 600nm
	630 ~ 690nm	—
	1 160 ~ 1 180nm	—

参考文献

权文婷，周辉，李红梅，等. 2015. 基于S-G滤波的陕西关中地区冬小麦生育期遥感识别和长势监测[J]. 中国农业气象，36（1）：93-99.

王利民，刘佳，邵杰，等. 2017. 基于高光谱的春玉米大斑病害遥感监测指数选择[J]. 农业工程学报，33（5）：170-177.

罗善军，何英彬，段丁丁，等. 2018. 连续统去除法分析不同马铃薯品种高光谱差异性[J]. 光谱学与光谱分析，38（10）：3 231-3 237.

乔欣，马旭，张小超，等. 2008. 大豆叶绿素和钾素信息的冠层光谱响应[J]. 农业机械学报，39（4）：108-111.

中华人民共和国农业农村部. 2015. 农作物病害遥感监测技术规范第1部分：小麦条锈病：NY/T 2738.1—2015[S].

Savitzky A，Golay M J E. 1964. Smoothing and Differentiation of Data by Simplified Least Squares Procedures[J]. Analytical Chemistry，36：1 627-1 639.

Caren Kasler，Yves Tille，Balanced. 2016. k-Nearst neighbour imputation[J]. Statistics，50（6）：1 310-1 331.

Zuo C，Chen Q，Yu Y，et al. 2013. Transport-of-intensity phase imaging using Savitzky-Golay differentiation filter-theory and applications[J]. Optics Express，21（5），5 346-5 362.

Hassanpour H. 2008. A time-frequency approach for noise reduction[J]. Digital Signal Processing，18（5）：728-738.

Quan Q，Cai K Y. 2012. Time-domain analysis of the Savitzky-Golay filters[J]. Digital Signal Processing，22（2）：238-245.

第四章
国产 GF-1 数据冬小麦条锈病遥感监测应用

为强化卫星数据安全，打破国外遥感数据对我国的控制，从"十一五"开始，我国实施了高分辨率对地观测系统（刘佳，2015）计划，从2013年开始，以GF-1卫星发射成功为转折点，国产高分卫星数据逐步进入农业遥感监测业务（王利民，2015）。针对高分数据特点，从冬小麦面积识别，到条锈病遥感监测，笔者开展了系统的研究应用工作。以下，按照数据获取、主要监测算法、面积监测与病害监测识别等步骤进行概述。

第一节　国产 GF-1/WFV 数据的获取

基于GF-1/WFV数据进行宝鸡市、西华县冬小麦面积的提取及冬小麦条锈病监测所用数据如表4-1和表4-2所示。表中可以看出所用数据从当年的12月初到次年的6月初，覆盖了整个冬小麦生育期。

GF-1卫星是中国第1颗高分辨率对地观测应用卫星，于2013年4月26日在酒泉卫星发射中心成功发射。GF-1卫星共有4台16m分辨率多光谱相机（WFV1～WFV4），每台相机包含蓝（0.45～0.52μm）、绿（0.52～0.59μm）、红（0.63～0.69μm）和近红外（0.77～0.89μm）4个波段，4台相机组合幅宽可达800km，重访周期为4d。

表4-1　宝鸡市条锈病病害监测所用GF-1数据清单

序号	GF-1/WFV数据
1	GF1_WFV1_E107.9_N34.7_20180224_L1A0003025190.tar.gz
2	GF1_WFV1_E108.2_N34.6_20180418_L1A0003130562.tar.gz
3	GF1_WFV1_E108.3_N34.7_20171228_L1A0002887721.tar.gz
4	GF1_WFV1_E108.4_N34.7_20180228_L1A0003033006.tar.gz
5	GF1_WFV1_E108.4_N34.7_20180312_L1A0003056023.tar.gz
6	GF1_WFV1_E108.6_N34.6_20171216_L1A0002854771.tar.gz
7	GF1_WFV1_E109.1_N33.7_20180606_L1A0003243197.tar.gz
8	GF1_WFV1_E109.3_N34.7_20180606_L1A0003243203.tar.gz
9	GF1_WFV2_E108.3_N34.3_20171126_L1A0002797361.tar.gz
10	GF1_WFV2_E108.3_N34.3_20180513_L1A0003183881.tar.gz
11	GF1_WFV2_E108.9_N34.3_20171130_L1A0002808916.tar.gz
12	GF1_WFV2_E108.9_N34.3_20171204_L1A0002822330.tar.gz
13	GF1_WFV3_E108.1_N33.9_20180402_L1A0003099589.tar.gz
14	GF1_WFV4_E107.5_N35.1_20180403_L1A0003101413.tar.gz
15	GF1_WFV4_E107.6_N35.1_20171205_L1A0002824898.tar.gz
16	GF1_WFV4_E108.1_N33.5_20171106_L1A0002742272.tar.gz
17	GF1_WFV4_E108.6_N35.1_20171106_L1A0002742275.tar.gz
18	GF1_WFV1_E106.2_N34.7_20180414_L1A0003122481.tar.gz
19	GF1_WFV1_E106.3_N34.6_20180513_L1A0003183871.tar.gz
20	GF1_WFV1_E107.8_N33.0_20180418_L1A0003130534.tar.gz
21	GF1_WFV1_E108.1_N34.6_20170921_L1A0002616042.tar.gz
22	GF1_WFV1_E108.4_N33.0_20180614_L1A0003260960.tar.gz
23	GF1_WFV1_E108.7_N33.0_20180426_L1A0003144986.tar.gz
24	GF1_WFV1_E108.8_N34.7_20180614_L1A0003260957.tar.gz
25	GF1_WFV1_E108.9_N33.0_20180602_L1A0003233055.tar.gz

序号	GF-1/WFV数据
26	GF1_WFV1_E109.1_N34.6_20180426_L1A0003144988.tar.gz
27	GF1_WFV1_E109.3_N34.7_20180602_L1A0003233064.tar.gz
28	GF1_WFV2_E106.2_N34.3_20180427_L1A0003148202.tar.gz
29	GF1_WFV2_E106.3_N34.3_20180501_L1A0003156283.tar.gz
30	GF1_WFV3_E108.2_N33.9_20180427_L1A0003148216.tar.gz
31	GF1_WFV3_E108.2_N33.9_20180501_L1A0003156384.tar.gz
32	GF1_WFV3_E108.6_N35.6_20180427_L1A0003148234.tar.gz
33	GF1_WFV3_E108.7_N35.6_20180501_L1A0003156383.tar.gz
34	GF1_WFV3_E108.9_N33.9_20180607_L1A0003245765.tar.gz
35	GF1_WFV3_E108.9_N33.9_20180607_L1A0003245941.tar.gz
36	GF1_WFV4_E106.0_N35.1_20180502_L1A0003158745.tar.gz
37	GF1_WFV4_E106.1_N33.6_20180415_L1A0003124112.tar.gz
38	GF1_WFV4_E106.6_N33.6_20180419_L1A0003132733.tar.gz
39	GF1_WFV4_E106.6_N35.2_20180415_L1A0003124109.tar.gz
40	GF1_WFV4_E107.1_N35.2_20180419_L1A0003132730.tar.gz

表4-2　西华县条锈病病害监测所用GF数据清单

序号	GF-1/WFV
1	GF1_WFV1_E114.0_N33.0_20171108_L1A0002750331.tar.gz
2	GF1_WFV1_E114.4_N34.7_20171108_L1A0002750325.tar.gz
3	GF1_WFV1_E114.5_N34.7_20180206_L1A0002986604.tar.gz
4	GF1_WFV2_E113.5_N34.3_20180211_L1A0002997254.tar.gz
5	GF1_WFV2_E115.3_N34.3_20171219_L1A0002862933.tar.gz
6	GF1_WFV2_E115.7_N34.3_20180223_L1A0003021729.tar.gz
7	GF1_WFV3_E113.8_N33.9_20171220_L1A0002865420.tar.gz

（续表）

序号	GF-1/WFV
8	GF1_WFV3_E114.0_N33.9_20180508_L1A0003170457.tar.gz
9	GF1_WFV3_E114.1_N33.9_20171019_L1A0002692416.tar.gz
10	GF1_WFV3_E115.5_N33.9_20180211_L1A0002997223.tar.gz
11	GF1_WFV4_E114.2_N33.5_20180418_L1A0003130729.tar.gz
12	GF1_WFV4_E114.6_N33.5_20180312_L1A0003056076.tar.gz
13	GF1_WFV4_E114.9_N33.5_20180316_L1A0003064943.tar.gz
14	GF1_WFV1_E114.3_N33.0_20180429_L1A0003152716.tar.gz
15	GF1_WFV1_E114.6_N34.7_20180429_L1A0003152701.tar.gz
16	GF1_WFV3_E113.4_N33.9_20180606_L1A0003243357.tar.gz
17	GF1_WFV4_E115.2_N33.5_20180430_L1A0003155079.tar.gz
18	GF1_WFV4_E115.3_N33.5_20180614_L1A0003260985.tar.gz

一、数据预处理

原始的WFV影像为1A级，使用农业农村部遥感应用中心自主研制的软件进行辐射定标和大气校正预处理。其中辐射定标的公式如下所示：

$$L（λ）=Gain·DN+Bias$$

式中，$L（λ）$为传感器入瞳处辐射亮度值〔$W/（m^2·sr·μm）$〕，Gain为增益系数，Bias为偏置系数，DN为观测灰度值，Gain和Bias都由中国资源卫星应用中心提供。大气校正（刘佳，2015）使用6S辐射传输模型进行，需要从中国资源卫星中心获取GF-1/WFV传感器光谱响应函数，将波谱响应函数重采样为2.5nm间隔输入模型，并根据卫星影像自带的元数据信息确定卫星观测几何、大气模式等参数，运行6S模型获取研究区影像地表反射率。几何精校正（刘佳，2015）平面精度达到1个像元以内，具体是先使用区域网平差模型对传感器RPC（rational polynomial coefficients）参数进行修正，再基于15m空间分辨率的LandSat-8/OLI影像作为底图进行精校。

二、基于GF-1/WFV数据的病害监测方案

病害监测技术流程如图4-1所示，主要包括基于冬小麦面积指数的面积自动识别、利用冬小麦面积掩膜监测期NDVI、冬小麦面积范围内的NDVI长势分级、分级计算冬小麦条锈病病害指数和获取不同分级的冬小麦条锈病疑似分布区域等步骤。

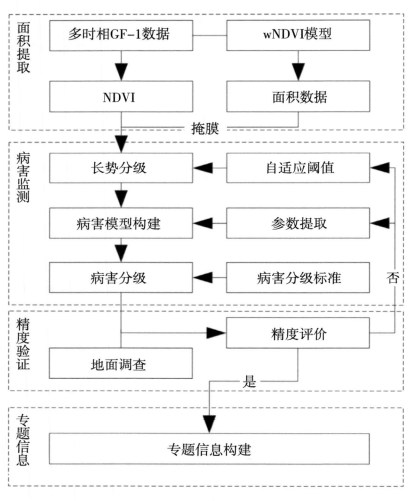

图4-1 基于GF-1/WFV的病害监测技术流程

第二节 主要监测算法

一、基于高分数据的面积提取

在时序影像基础上，通过冬小麦面积指数的构建，扩大冬小麦地类与其他地类的差异，并通过一定的阈值自动化设置方法，区分冬小麦地类，获取冬小麦作物面积。算法包括冬小麦时间序列影像的获取、影像网格化、冬小麦面积指数构建、迭代确定冬小麦面积指数提取阈值、精度验证这5个部分（王利民，2016）。

冬小麦面积识别是根据冬小麦NDVI加权指数（wNDVI，weighted NDVI index）影像算法获取的，冬小麦NDVI加权指数算法定义与构建过程见下式：

$$p^i = \begin{cases} 1 \left(\overline{\mathrm{NDVI}_w}^i \geqslant \overline{\mathrm{NDVI}_o}^i \right) \\ -1 \left(\overline{\mathrm{NDVI}_w}^i < \overline{\mathrm{NDVI}_o}^i \right) \end{cases}$$

$$\mathrm{wNDVI} = \frac{1}{n} \sum_{i=1}^{n} \left(\mathrm{NDVI}^i \times p^i \right)$$

式中，p为权值，i表示第i期影像，下标w表示为冬小麦类型，下标o表示其他地物类型，权值P是根据权值样本获取的。NDVI计算公式如下：

$$\mathrm{NDVI} = \left(\mathrm{Ref_4} - \mathrm{Ref_3} \right) / \left(\mathrm{Ref_4} + \mathrm{Ref_3} \right)$$

式中，$\mathrm{Ref_4}$和$\mathrm{Ref_3}$分别为WFV多光谱影像第4和第3波段的反射率。

二、基于高分数据的病害监测方法

病害具体提取方法采用中华人民共和国农业行业标准《农作物病害遥感监测技术规范——第1部分：小麦条锈病》（NY/T 2738.1—2015）中规定的方法，标准中涉及的冬小麦条锈病指数（wheat stripe rust index，WSRI）计算公式如下：

$$WSRI = a \times \frac{G_d - G_n}{G_n} + b \times \frac{NIR_n - NIR_d}{NIR_n}$$

式中，a和b为权重系数，参考《农作物病害遥感监测技术规范—第1部分：小麦条锈病》标准，分别取0.7和0.3；G为绿光波段光谱反射率，选用了520～590nm范围内的反射率平均值；NIR为近红外波段光谱反射率，选用了770～890nm范围内的反射率平均值，d表示为发病冬小麦，n表示健康冬小麦，该指数的取值范围为[0，+∞）。

为了避免冬小麦长势差异对病害监测的影响，先通过对NDVI设定阈值的方式将冬小麦种植区域划分为长势不同的5个等级，在每个等级中计算绿光波段的最小值和近红外波段的最大值，然后代入WSRI公式，计算各等级下的冬小麦条锈病指数。

第三节　基于 GF-1/WFV 数据宝鸡市冬小麦面积识别及病害监测

基于GF-1/WFV数据进行冬小麦条锈病监测主要包括冬小麦面积提取、冬小麦面积提取精度评价、冬小麦条锈病指数WSRI计算、冬小麦条锈病病情指数分级和冬小麦条锈病精度评价等内容（王利民，2017）。

一、基于GF-1/WFV数据的宝鸡面积识别

基于GF-1数据的面积提取过程主要包括选取样本点、加权NDVI指数（wNDVI）的计算、面积提取阈值的确定、获取冬小麦面积分布结果等过程。以宝鸡市为例说明基于GF-1卫星数据的冬小麦提取流程。

1.样本点选择

以点的方式选择训练样本，训练样本包括2种，其一是作为获取每1期影像的冬小麦权值的依据，并通过各期加权求和构建冬小麦NDVI加权指数，称为权值样本；其二是作为冬小麦NDVI加权指数分类阈值的依据，

评价不同阈值划分结果获得的冬小麦面积精度，称为阈值样本。样方形式选择的样本是对研究结果进行精度评价的，为保证业务运行的规范性，采用制作研究区规则网格的方法选择各类样本。制作覆盖研究区的规则网格，考虑到研究区的大小和作物种植分布情况，根据等间距的规则获取网格，作为一个基准网格，在每个基准网格的基础上，再将其划分为2×2个网格，分别获取左上、右下2个子网格的中心点，称为左上中心、右下中心；中心点作物类型的确定及NDVI平均值的获取，在分类体系确定为冬小麦、其他2种地物类型前提下，采用目视识别的方式逐一确定中心点位置的地物类型，判别依据主要是在地面调查基础上结合专家知识进行的；读取各点的NDVI值，分别计算两类地物的平均值，作为下一步冬小麦面积提取的权值和阈值参数；

精度验证采用本底数据进行验证，本底数据通过先验知识和目视解译等过程获得，是对研究结果进行精度评价的依据，与常规的精度验证方式相同。图4-2给出了样本点的位置分布。

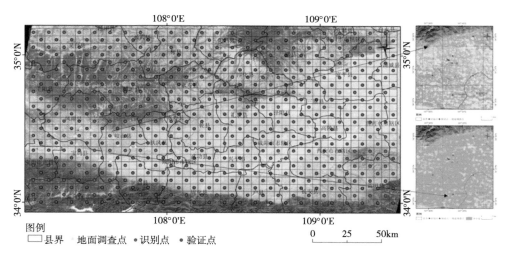

图4-2　宝鸡市冬小麦面积提取训练样点及精度评价样方

2.加权NDVI指数计算

根据wNDVI影像计算流程，统计每一时期影像所有网格左上中心点（权值样本）的NDVI值，并结合该点目视分类结果，分别统计冬小麦地类和其他地类的平均NDVI值，若冬小麦NDVI平均值大于其他地类，则将其NDVI乘以权值1，否则就乘以权值-1，并将各期影像NDVI加权值求和并除以影像的期数，即可得到最终的wNDVI影像，如图4-3所示。

3.基于样本点的wNDVI阈值确定

获取得到wNDVI影像后，还需要设置合理的冬小麦识别阈值，以提取冬小麦种植区域。是根据wNDVI的分布范围，以一定的间隔比例逐个设置提取阈值，并将提取阈值应用于阈值样本点的冬小麦提取工作；将提取结果与冬小麦目视识别结果进行对比，统计提取准确率，准确率最高的提取阈值即为最优wNDVI提取阈值。依据上述方法，本次研究区域的wNDVI提取阈值设定为2 011时，阈值样本具有最高的总体识别精度。

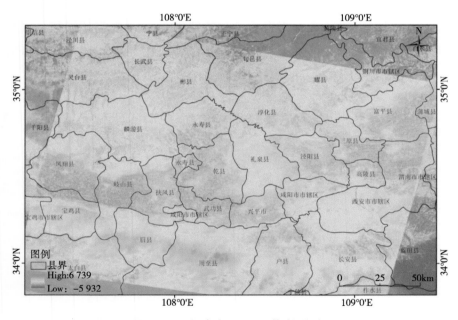

图4-3　宝鸡市wNDVI指数分布

4.基于wNDVI的宝鸡市冬小麦提取结果

利用自适应选取的wNDVI提取阈值，进行冬小麦分类工作。提取结果如图4-4所示。从图上可以看出关中平原的冬小麦种植区主要集中于中西部和东部，与实际种植情况一致。

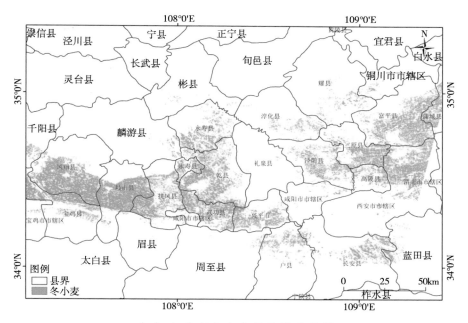

（a）宝鸡市冬小麦整体提取结果

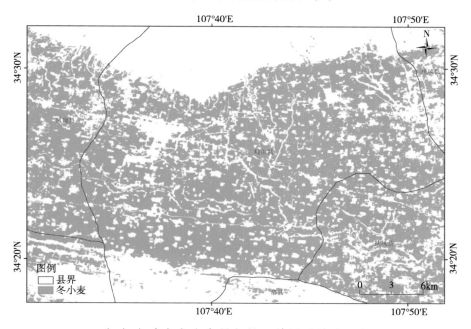

（b）宝鸡市冬小麦局部提取结果（岐山县）

图4-4　基于GF-1/WFV数据的关中平原冬小麦提取结果

5.宝鸡市面积监测精度

依据本底数据，对分类结果进行精度验证，结果如表4-3所示。从表上可以看出，使用冬小麦NDVI加权指数方法结合自适应指数提取阈值计算方式获取的分类成果总体精度达到92.2%，其中冬小麦类别的制图精度达到了91.3%，用户精度达到100%，Kappa系数为0.69。

表4-3　基于GF数据的关中平原冬小麦面积提取精度

作物类型	冬小麦/km²	其他/km²	总计/km²
冬小麦/km²	761.9	557.0	1 318.8
其他/km²	0.0	5 841.0	5 841.0
总计/km²	761.9	6 398.0	7 159.9
用户精度	100.0%	57.8%	—
制图精度	91.3%	100.0%	—
总体精度	92.2%	Kappa系数	0.69

二、基于GF-1/WFV的宝鸡市病害监测结果

1.遥感影像NDVI长势分级

计算研究区域的NDVI指数，并利用提取的冬小麦面积区域对NDVI指数进行掩膜，利用Natural breaks（Jenks）（组内方差最小，组间方差最大）方法，四舍五入取整对监测区域NDVI长势分级，分级结果如图4-5所示，图中可以看出冬小麦集中种植的区域长势也相对较好。

2.基于宝鸡市GF-1/WFV数据病害指数制图

采用GF-1/WFV影像计算研究区不同长势级别下冬小麦条锈病指数，在计算过程中，为了避免出现负值，取冬小麦像元绿光波段最小值G_{min}、近红外波段最大值NIR_{max}作为正常不染病冬小麦的绿光和近红外反射率值，计算公式修改如下：

$$WSRI = a \times \frac{G_d - G_{min}}{G_{min}} + b \times \frac{NIR_{max} - NIR_d}{NIR_{max}}$$

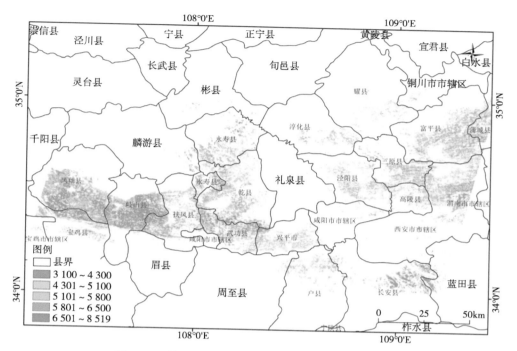

图4-5　基于GF数据的宝鸡市冬小麦长势分级

关中平原区域（宝鸡市）NDVI分层阈值及各层绿光波段最小值及近红外波段最大值如表4-4所示。

表4-4　关中平原区域（宝鸡市）NDVI分层阈值及各层G_{min}及NIR_{max}

	第一层	第二层	第三层	第四层	第五层
NDVI分层阈值	3 100~4 300	4 300~5 100	5 100~5 800	5 800~6 500	6 500~8 519
绿光波段最小值G_{min}	595	487	405	388	306
近红外波段最大值NIR_{max}	3 796	4 156	5 336	4 706	5 737

将表4-4中的数据代入修改后的WSRI计算公式，得到研究区域条锈病病害指数分布结果，如图4-6所示，图中可以看出，整个关中平原条锈病指数较大的区域均有分布，西部条锈病指数整体高于东部。

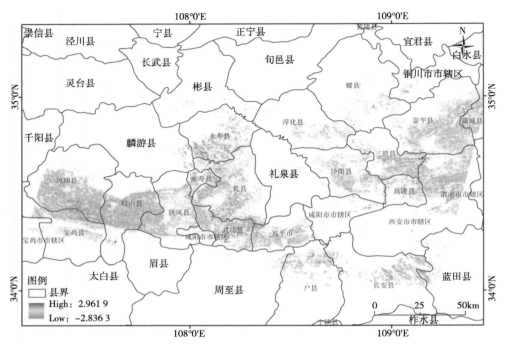

图4-6 基于GF数据的宝鸡市WSRI指数分布

3.病害发病区域监测结果

为进一步确定病害发生区域，需要确定各层内不同发病等级的病害指数阈值。发病类型分为未发病、轻度发病、中度发病和重度发病4种情况。利用历史发病阈值及经验确定各级别发病阈值如表4-5所示。表中可以看出随着层数的增加，长势越来越好，病害的等级阈值也有相应的增加。

表4-5 关中平原区域（宝鸡市）不同层内条锈病发病级别阈值

	第一层	第二层	第三层	第四层	第五层
WSRI总体范围	[-0.02 ~ 2.09]	[0.09 ~ 1.76]	[0.20 ~ 2.27]	[0.15 ~ 1.68]	[0.13 ~ 2.03]
未发病WSRI范围	[-0.02 ~ 0.51]	[0.09 ~ 0.51]	[0.20 ~ 0.56]	[0.15 ~ 0.60]	[0.15 ~ 0.60]
轻度发病WSRI范围	[0.51 ~ 0.62]	[0.51 ~ 0.62]	[0.56 ~ 0.62]	[0.60 ~ 0.63]	[0.60 ~ 0.63]
中度发病WSRI范围	[0.62 ~ 0.71]	[0.62 ~ 0.71]	[0.62 ~ 0.73]	[0.63 ~ 0.73]	[0.63 ~ 0.73]
重度发病WSRI范围	[0.71 ~ 2.09]	[0.71 ~ 1.76]	[0.73 ~ 2.27]	[0.73 ~ 1.68]	[0.73 ~ 2.03]

基于表4-5中的阈值范围,对WSRI指数进行病害发病程度分级,分级结果如图4-7所示,图中可以看出,关中平原范围内冬小麦条锈病分布广泛,西部区域发病程度整体高于东部区域。

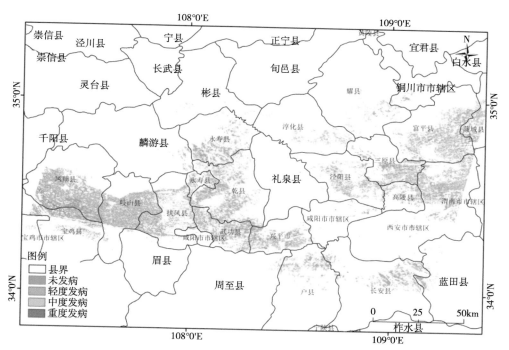

图4-7 基于GF数据的关中平原条锈病发病等级

4.冬小麦发病范围地面调查

冬小麦条锈病发病范围地面调查内容主要用于确定病害模型参数的获取及精度验证。冬小麦条锈病发病范围与程度调查是基于地面调查点方式进行,地面调查点分布如图4-8所示。调查样点如图中黄色三角标志所示,共计20个病害调查样点,主要集中在关中平原的西部区域,该区域病害发病较为集中。

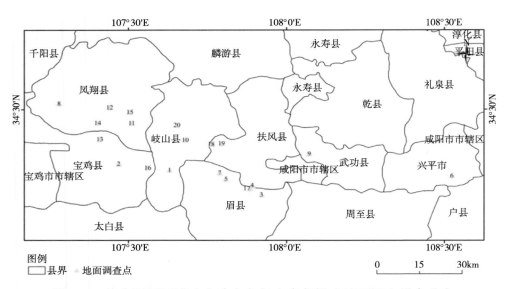

图4-8　关中平原区域（宝鸡市）冬小麦条锈病地面调查样点分布

5.病害监测结果精度验证

关中平原区域（宝鸡市）地面调查发病情况及遥感监测发病情况如表4-6所示。地面调查样点选择冬小麦种植面积相对较大，病害发病典型、发病程度较为均一的区域。地面调查过程中，严重度大于零即认定为发病，地面调查严重度等于零即为未发病。遥感监测过程中，反演WSRI指数不小于发病阈值即分类为发病等级，WSRI指数小于发病阈值即为未发病等级。

表4-6　关中平原区域（宝鸡市）发病情况准确率评价

样点编号	地面调查严重度/%	地面调查结果	GF_WSRI值	发病阈值	遥感监测结果	监测结果是否正确
1	10	发病	0.521	0.51	发病	正确
2	5	发病	0.618	0.51	发病	正确
3	0	未发病	0.505	0.51	未发病	正确
4	5	发病	0.472	0.51	未发病	错误
5	15	发病	0.547	0.51	发病	正确

（续表）

样点编号	地面调查严重度/%	地面调查结果	GF_WSRI值	发病阈值	遥感监测结果	监测结果是否正确
6	30	发病	0.598	0.51	发病	正确
7	40	发病	0.709	0.51	发病	正确
8	90	发病	0.897	0.51	发病	正确
9	0	未发病	0.536	0.60	未发病	正确
10	0	未发病	0.580	0.60	未发病	正确
11	0	未发病	0.597	0.60	未发病	正确
12	40	发病	0.700	0.60	发病	正确
13	40	发病	0.601	0.60	发病	正确
14	45	发病	0.617	0.60	发病	正确
15	60	发病	0.634	0.60	发病	正确
16	80	发病	0.758	0.60	发病	正确
17	80	发病	0.698	0.60	发病	正确
18	60	发病	0.726	0.60	发病	正确
19	90	发病	0.796	0.60	发病	正确
20	97	发病	0.796	0.60	发病	正确

　　表4-6中可以看出，20个地面调查点中，发病的调查点个数为16个，未发病调查点个数为4个。基于GF-1数据WSRI指数的监测结果中发病调查点个数为15个，未发病调查点个数为5个。仅编号为4的调查点实际发病情况为轻度发生，遥感监测结果误判为未发病，其他19个点均判断正确。基于20个调查点的条锈病发病情况准确率达到了95%。

　　关中平原区域（宝鸡市）地面调查发病等级及遥感监测等级如表4-7所示。地面调查样点选择冬小麦种植面积相对较大，病害发病典型、发病程度较为均一的区域。地面调查过程中，严重度为零的为未发病等级，严重度不大于30%的为轻度发生等级，严重度不大于60%的为中度发生等级，严重度大于60%的为重度发生等级。遥感监测发病等级通过图4-7中所示的发病等级图读取。

表4-7　关中平原区域（宝鸡市）发病等级准确率评价

样点编号	地面调查严重度	地面调查病害等级	GF_WSRI	所属层	等级阈值	遥感监测病害等级	是否正确
1	10	轻度发病	0.521	1	[0.51~0.62]	轻度发病	正确
2	5	轻度发病	0.618	1	[0.51~0.62]	轻度发病	正确
3	0	未发病	0.505	2	[0.09~0.51]	未发病	正确
4	5	轻度发病	0.472	2	[0.51~0.62]	未发病	错误
5	15	轻度发病	0.547	2	[0.51~0.62]	轻度发病	正确
6	30	轻度发病	0.598	3	[0.56~0.62]	轻度发病	正确
7	40	中度发病	0.709	3	[0.62~0.73]	中度发病	正确
8	90	重度发病	0.897	3	[0.73~2.27]	重度发病	正确
9	0	未发病	0.536	4	[0.15~0.60]	未发病	正确
10	0	未发病	0.580	4	[0.15~0.60]	未发病	正确
11	0	未发病	0.597	4	[0.15~0.60]	未发病	正确
12	40	中度发病	0.700	4	[0.63~0.73]	中度发病	正确
13	40	中度发病	0.601	4	[0.63~0.73]	轻度发病	错误
14	45	中度发病	0.617	4	[0.63~0.73]	轻度发病	错误
15	60	中度发病	0.634	4	[0.63~0.73]	中度发病	正确
16	80	重度发病	0.758	4	[0.73~1.68]	重度发病	正确
17	80	重度发病	0.698	4	[0.73~1.68]	中度发病	错误
18	60	中度发病	0.726	5	[0.63~0.73]	中度发病	正确
19	90	重度发病	0.796	5	[0.73~2.03]	重度发病	正确
20	97	重度发病	0.796	5	[0.73~2.03]	重度发病	正确

　　表4-7中可以看出，20个地面调查点中，4个调查点的发病等级判断错

误，其中编号为4的调查点实际发病情况为轻度发病，遥感监测结果误判为未发病；编号为13和14的调查点实际发病情况为中度发病，遥感监测结果误判为轻度发病；编号为17的调查点实际发病情况为重度发病，遥感监测结果误判为中度发病，判断有误的调查点判断结果较实际结果均轻一个等级。其他16个调查点发病等级均判断正确。基于20个调查点的条锈病等级情况准确率达到了80%。

第四节　基于 GF-1/WFV 数据的西华县冬小麦面积识别及病害监测

一、基于GF-1/WFV数据的西华县面积识别

基于第二节部分所述的面积识别方法对西华县进行了冬小麦面积识别，监测结果如图4-9所示，图中可以看出2018年西华县全县范围内广泛种植冬小麦。

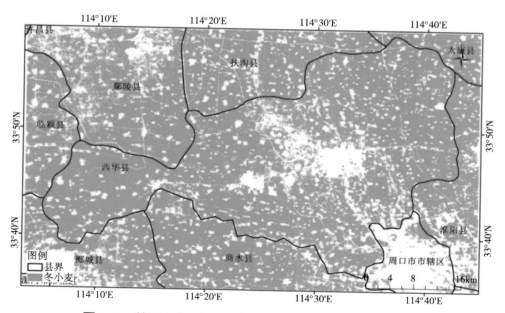

图4-9　基于GF-1/WFV数据的西华县冬小麦提取结果

依据本底数据，对分类结果进行精度验证，结果如表4-8所示。从表4-8可以看出，使用冬小麦NDVI加权指数方法结合自适应指数提取阈值计算方式获取的分类成果总体精度达到86.0%，其中冬小麦类别的制图精度达到了94.2%，用户精度达到83.9%，Kappa系数为0.70。

表4-8　基于GF数据的西华县冬小麦面积提取精度

作物类型	冬小麦/km²	其他/km²	总计/km²
冬小麦/km²	662.9	126.8	789.7
其他/km²	40.7	363.8	404.5
总计/km²	703.5	490.6	1 194.1
用户精度	83.9%	90.0%	
制图精度	94.2%	74.2%	
总体精度	86.0%	Kappa系数	0.70

二、基于GF-1/WFV数据的西华县病害监测

基于第二节部分所述的病害监测方法对西华县条锈病发病情况进行了监测，病害发病等级结果如图4-10所示。图4-10可以看出，2018年冬小麦条锈病发病情况整体较轻，仅有零星区域表现出发病症状，这与实际发病情况是一致的。

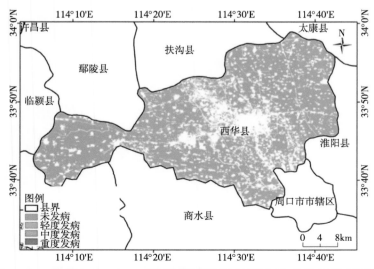

图4-10　基于GF-1/WFV数据的西华县条锈病发病等级监测结果

参考文献

刘佳. 2015. 国产高分卫星数据的农业应用[J]. 高分遥感应用（3）31-33，36.

王利民，刘佳，杨玲波，等. 2016. 基于NDVI加权指数的冬小麦种植面积遥感监测[J]. 农业工程学报32（17）：127-135.

刘佳，王利民，杨玲波，等. 2015. 基于6S模型的GF-1卫星影像大气校正及效果[J]. 农业工程学报31（19）：159-168.

刘佳，王利民，杨玲波，等. 2015. 基于有理多项式模型区域网平差的GF-1影像几何校正[J]. 农业工程学报31（22）：146-154.

王利民，刘佳，杨福刚，等. 2017. 基于GF-1/WFV数据的冬小麦条锈病遥感监测[J]. 农业工程学报33（20）：153-160.

王利民，刘佳，杨福刚，等. 2015. 基于GF-1卫星遥感的冬小麦面积早期识别[J]. 农业工程学报31（11）：194-201.

第五章
国外 Sentinel-2 数据冬小麦条锈病监测应用

国产卫星数据谱段设置较少，有效回访周期相对较低。对国外廉价的中高空间分辨率遥感数据病害监测能力进行评价，不仅有利于国产卫星的后续研制工作，也有利于当前病害遥感监测业务的开展。出于上述考虑，针对国外的常用遥感数据源，笔者开展了条锈病遥感监测应用。本章是基于Sentinel-2A/B数据开展的相关研究工作。

第一节　Sentinel-2 数据获取及预处理

一、数据获取

哨兵2（Sentinel-2）卫星是由欧洲委员会和欧空局共同执行"全球环境与安全监测"计划中的多光谱遥感成像卫星，分别于2015年6月23日和2017年3月7日从法属圭亚那库鲁航天中心由"织女星"运载火箭发射升空Sentinel-2A和Sentinel-2B 2颗卫星。哨兵-2携带一枚多光谱成像仪，可覆盖13个光谱波段（443~2 190nm），幅宽达290km，空间分别率10m（4个可见光谱段和一个近红外谱段）、20m（6个红光边缘谱段和短波红外谱段）、60m（3个大气校正谱段）。重访周期为10d，双星组网为5d重访（赤道附近）。Sentinel-2从可见光和近红外波段到短波红外波段，具有不同的空间分辨率，在光学数据中，Sentinel-2数据是唯一在红边范围含有3个波段的数据，这对监测植被健康信息非常有效（Clevers et al.，

2013）。Sentinel-2卫星的波段参数如表5-1所示。

表5-1 Sentinel-2波段参数

Sentinel-2Bands	Central Wavelength（μm）	Resolution（m）
Band1-Coastal aerosol	0.443	60
Band2-Blue	0.490	10
Band3-Green	0.560	10
Band4-Red	0.665	10
Band5-Vegetation Red Edge	0.705	20
Band6-Vegetation Red Edge	0.740	20
Band7-Vegetation Red Edge	0.783	20
Band8-NIR	0.842	10
Band8A-Vegetation Red Edge	0.865	20
Band9-Water vapour	0.945	60
Band10-SWIR-Cirrus	1.375	60
Band11-SWIR	1.610	20
Band12-SWIR	2.190	20

基于Sentinel-2数据进行宝鸡市、西华县、内乡县冬小麦面积的提取及冬小麦条锈病监测所用数据如表5-2和表5-3所示，内乡所用数据仅涉及2018年4月16日的一期影像。表中可以看出所用数据从当年的12月初到次年的6月初，覆盖了整个冬小麦生育期。

表5-2 宝鸡市条锈病病害监测所用Sentinel-2数据清单

序号	Sentinel-2数据
1	S2A_MSIL1C_20171210T033131_N0206_R018_T48SYC_20171210T070529
2	S2A_MSIL1C_20171210T033131_N0206_R018_T48SYD_20171210T070529
3	S2A_MSIL1C_20180119T033041_N0206_R018_T48SYC_20180119T084949

（续表）

序号	Sentinel-2数据
4	S2A_MSIL1C_20180119T033041_N0206_R018_T48SYD_20180119T084949
5	S2A_MSIL1C_20180228T032701_N0206_R018_T48SYC_20180228T070553
6	S2A_MSIL1C_20180228T032701_N0206_R018_T48SYD_20180228T070553
7	S2A_MSIL1C_20180313T033531_N0206_R061_T48SYC_20180313T080228
8	S2A_MSIL1C_20180313T033531_N0206_R061_T48SYD_20180313T080228
9	S2A_MSIL1C_20180409T032541_N0206_R018_T48SYC_20180409T070457
10	S2A_MSIL1C_20180409T032541_N0206_R018_T48SYD_20180409T070457
11	S2A_MSIL1C_20180419T032541_N0206_R018_T48SYC_20180419T062215
12	S2A_MSIL1C_20180419T032541_N0206_R018_T48SYD_20180419T062215
13	S2A_MSIL1C_20180429T032541_N0206_R018_T48SYC_20180429T062304
14	S2A_MSIL1C_20180429T032541_N0206_R018_T48SYD_20180429T062304
15	S2A_MSIL1C_20180502T033541_N0206_R061_T48SYC_20180502T063440
16	S2A_MSIL1C_20180502T033541_N0206_R061_T48SYD_20180502T063440
17	S2A_MSIL1C_20180512T033541_N0206_R061_T48SYC_20180512T080425
18	S2A_MSIL1C_20180512T033541_N0206_R061_T48SYD_20180512T080425
19	S2A_MSIL1C_20180628T032541_N0206_R018_T48SYC_20180628T062430
20	S2A_MSIL1C_20180628T032541_N0206_R018_T48SYD_20180628T062430
21	S2B_MSIL1C_20180213T032829_N0206_R018_T48SYC_20180213T062915
22	S2B_MSIL1C_20180213T032829_N0206_R018_T48SYD_20180213T062915

表5-3　西华县条锈病病害监测所用Sentinel-2数据清单

序号	Sentinel-2数据
1	S2A_MSIL1C_20171204T031111_N0206_R075_T50SKC_20171204T064444
2	S2A_MSIL1C_20171224T031131_N0206_R075_T50SKC_20171224T064333
3	S2A_MSIL1C_20180222T030731_N0206_R075_T50SKC_20180222T082850

（续表）

序号	Sentinel-2数据
4	S2A_MSIL1C_20180513T030541_N0206_R075_T50SKC_20180513T055623
5	S2A_MSIL1C_20180612T030541_N0206_R075_T50SKC_20180612T064132
6	S2B_MSIL1C_20171030T030829_N0206_R075_T50SKC_20171030T074952
7	S2B_MSIL1C_20180309T030539_N0206_R075_T50SKC_20180309T060313
8	S2B_MSIL1C_20180408T030539_N0206_R075_T50SKC_20180408T060931
9	S2B_MSIL1C_20180418T030539_N0206_R075_T50SKC_20180418T055826
10	S2B_MSIL1C_20180428T030539_N0206_R075_T50SKC_20180428T064305
11	S2B_MSIL1C_20180607T030539_N0206_R075_T50SKC_20180607T064334

二、数据预处理

Sentinel-2数据是由欧空局（ESA）网站（https：//scihub. copernicus. eu/）提供下载，发布的L1C级多光谱数据（MSI）是经过几何精校正的正射影像，数据并没有进行辐射定标和大气校正。但欧空局同时把经过辐射定标和大气校正的大气底层反射率数据（Bottom-of-Atmosphere corrected reflectance）定义为Sentinel-2 L2A级数据，并发布了专门生产L2A级数据的插件Sen2cor（http：//step. esa. int/main/third-party-plugins-2/sen2cor/）。利用Sen2cor插件可以得到大气校正之后的地表反射率、气溶胶厚度（Aerosol Optical Thickness，AOT）、大气水蒸气（Water Vapour Map，WVM）等产品。

第二节　基于 Sentinel-2 数据的遥感监测方案

基于Sentinel数据的病害监测技术流程如图5-1所示，主要包括基于光谱类的决策树冬小麦面积分类、冬小麦面积范围内的NDVI长势分级、基于WSRI指数的冬小麦条锈病监测、基于NIRSI_2指数的冬小麦条锈病监测以及基于地面调查点的精度验证等步骤。

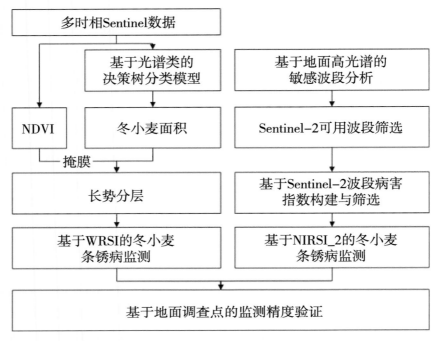

图5-1　基于Sentinel-2数据的病害监测技术流程

第三节　主要监测算法

一、基于Sentinel-2数据的面积提取算法

Sentinel-2数据具有13个波段数据，其中10个波段在农业遥感领域较为常用，各波段的反射率的差异形成了不同的光谱类型，基于地面格网确定的采样点提取典型的光谱类型。在确定典型光谱类型的基础上，基于不同光谱类各波段反射率差异构建分类决策树模型。冬小麦地物属于高梯形光谱类型，在分析冬小麦光谱和高梯形光谱差异的基础上构建冬小麦提取决策树模型，进而获得冬小麦面积分布区域。通过波段组合构建分类决策

树，按波段反射高峰由低至高依次提取地物，按照水体、裸地、森林、小麦的顺序，在去除其他作物后得到有效小麦种植面积。降低了仅依靠短波红外和近红波段数据的局限性，同时又保有时效性，面积提取具体流程如图5-2所示。

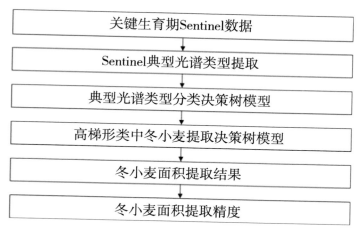

图5-2　基于Sentinel数据的冬小麦面积提取流程

二、基于Sentinel-2数据常规的病害监测算法

Sentinel-2数据具有常用卫星红绿蓝和近红外4个通用波段，基于绿光波段和近红外波段构建条锈病监测指数。具体提取方法采用中华人民共和国农业行业标准《农作物病害遥感监测技术规范—第1部分：小麦条锈病》（NY/T 2738.1—2015）中规定的方法，标准中涉及的冬小麦条锈病指数（wheat stripe rust index，WSRI）计算公式如下

$$WSRI = a \times \frac{G_d - G_n}{G_n} + b \times \frac{NIR_n - NIR_d}{NIR_n}$$

式中，a和b为权重系数，参考《农作物病害遥感监测技术规范—第1部分：小麦条锈病》标准，分别取0.7和0.3；G为绿光波段光谱反射率，选用了Sentinel-2数据第三波段范围内的反射率平均值；NIR为近红外波段光谱反射率，选用了Sentinel-2数据第七波范围内的反射率平均值，d表示为发病冬小麦，n表示健康冬小麦，该指数的取值范围为[0，+∞）。

为了避免冬小麦长势差异对病害监测的影响，先通过对NDVI设定阈值的方式将冬小麦种植区域划分为长势不同的5个等级，在每个等级中计算绿光波段的最小值和近红外波段的最大值，然后代入WSRI公式，计算各等级下的冬小麦条锈病指数。以宝鸡市作为研究区域对指数进行了试验。

三、基于Sentinel-2数据特有波段的病害监测方法

1.基于地面高光谱数据的Sentinel-2敏感波段选择

基于地面高光谱敏感波段对Sentinel-2数据的可用波段进行筛选，地面高光谱敏感波段与Sentinel波段对应表如表5-4所示。表中可以看出，Sentinel-2可用波段为Band3、Band5、Band6、Band7、Band8A、Band11和Band12。

表5-4　地面敏感波段与Sentinel-2波段数据对应

处理方法	杨凌区敏感波长/波段	南阳市敏感波长/波段	对应的Sentinel-2波段
S-G滤波	880nm	880nm	Band8A
	960nm	970nm	—
	1 050nm	1 070nm	—
	1 630nm	1 650nm	Band11
	2 180nm	2 210nm	Band12
一阶微分处理	700～750nm	705～755nm	Band5/6/7
	1 130～1 140nm	1 130～1 140nm	—
连续统去除	450～520nm	—	
	520～600nm	520～600nm	Band3
	630～690nm	—	
	1 160～1 180nm	1 170～1 190nm	—

2.基于Sentinel数据的病害监测指数构造

参照地面光谱特点，基于Sentinel-2的可用波段的指数构造方式分为反射率增速和反射率差异两类，反射率增速类指数主要指红边增长指数，该类指数的增长速度与病害发病程度关系密切；反射率差异类指数主要指近红外—绿光波段指数和近红外—短波红外波段指数，该类指数不同波段反射率差异值与病害发病程度关系密切。不同指数的构建形式如下（刘佳，2019）。

➤ 红边增长指数（Red Edge Growth Index，REGI）

$$REGI\_1 = \frac{REF_{band6} - REF_{band5}}{band6 - band5}$$

$$REGI\_2 = \frac{REF_{band7} - REF_{band5}}{band7 - band5}$$

式中，REF_{band7}，指第七波段对应的反射率，REF_{band6}，指第六波段对应的反射率，REF_{band5}指第五波段对应的反射率。Band7指的是第七波段对应的中心波长，Band6指的是第六波段对应的中心波长，Band5指的是第五波段对应的中心波长。理论上REGI指数越小，发病程度越严重。

➤ 近红外—绿光波段指数（NIR-GREEN index，NIRGI）

$$NIRGI = \frac{REF_{band8A} - REF_{band3}}{REF_{band8A} + REF_{band3}}$$

式中，REF_{band8A}，指第8A（近红外）波段对应的反射率，REF_{band3}指第三（绿光）波段对应的反射率。理论上NIRGI指数越小，发病程度越严重。

➤ 近红外—短波红外波段指数（NIR-SWIR index，NIRSI）

$$NIRSI\_1 = \frac{REF_{band8A} - REF_{band11}}{REF_{band8A} + REF_{band11}}$$

$$NIRSI\_2 = \frac{REF_{band8A} - REF_{band12}}{REF_{band8A} + REF_{band12}}$$

式中，REF_{band8A}，指第8A（近红外）波段对应的反射率，REF_{band11}指第11（短波红外1）波段对应的反射率，REF_{band12}指第12（短波红外2）波段对应的反射率。理论上NIRSI指数越小，发病程度越严重。

3.基于Sentinel数据的病害监测指数选择

在2018年5月条锈病发病较为严重的时期对条锈病发病情况进行实地调查，记录调查点的经纬度和发病严重度，绘制调查点严重度和不同光谱指数的二维散点图和回归直线，如图5-3所示。图中可以看出REGI_1、REGI_2、NIRGI、NIRSI_1、NIRSI_2指数与病害严重度都表现出负相关关系，且相关性较高。NIRSI_2与病害严重度相关性最强，R^2达到0.63，红边增长指数与病害严重度虽表现出一定的相关性，但相较于其他指数，相关性较低，可能由于宽波段反射率均值降低了红边波段的增速差异。各指数与病害严重度相关性如图5-3所示。

NIRGI指数的敏感波段与5.3.2部分所述的常规病害监测指数WSRI中所用的敏感波段完全一样，NIRGI指数与病害发病严重度相关性很高，决定系数R^2达到0.62，与WSRI指数的0.69相比效果稍差，但该指数无须分层，无须提取研究区域各波段的最大值和最小值，具有简便易操作的特点，特别适用于精度要求不高情况下的病害区域快速提取。

各指数的相关性及评价如表5-5所示，NIRGI与NIRSI_2两个指数与WSRI指数的决定系数R^2达到了相近的水平，考虑到NIRGI指数与WSRI指数使用的敏感波段一致，且WSRI指数相关性更高。因此，在本研究中推荐使用WSRI与NIRSI_2两个指数进行监测。

表5-5　基于Sentinel-2数据的指数及其决定系数

序号	指数	决定系数R^2	相关性	指数评价
1	REGI_1	0.4	较高	可用
2	REGI_2	0.39	较高	可用
3	NIRGI	0.62	高	优选
4	NIRSI_1	0.57	较高	优选
5	NIRSI_2	0.63	高	推荐
6	WSRI	0.69	高	推荐

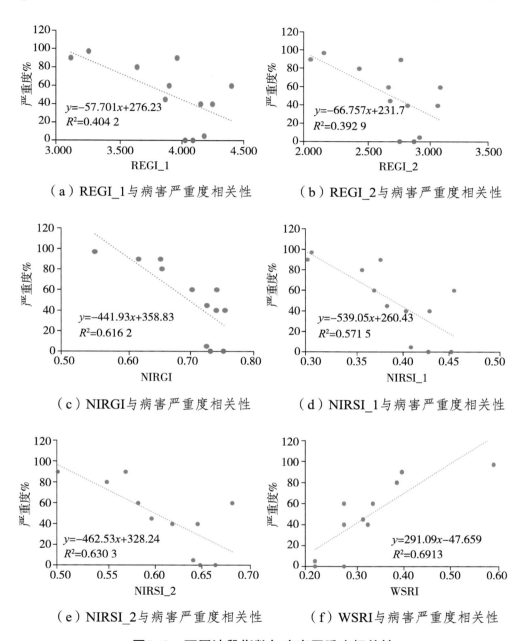

（a）REGI_1与病害严重度相关性　　（b）REGI_2与病害严重度相关性

（c）NIRGI与病害严重度相关性　　（d）NIRSI_1与病害严重度相关性

（e）NIRSI_2与病害严重度相关性　　（f）WSRI与病害严重度相关性

图5-3　不同波段指数与病害严重度相关性

第四节　基于 Sentinel-2 数据的面积提取

一、基于Sentinel-2数据内乡县面积提取

1.典型光谱类型提取

构造覆盖研究区的11km×10km的格网，选择格网中心点作为采样点，共计100个采样点，采样点分布如图5-4所示。

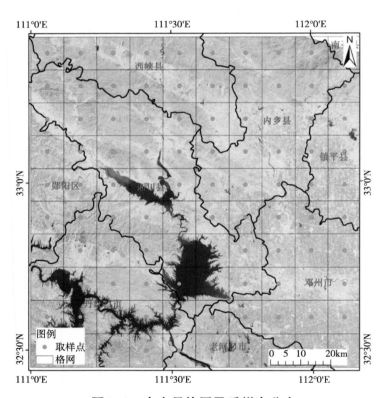

图5-4　内乡县格网及采样点分布

统计采样点Sentinel各波段的反射率数据，并绘制光谱曲线，光谱曲线特征相似的归为一类，计算同类别波段反射率的平均值。采样点共包括4类不同的光谱曲线，分别为高梯形曲线、低梯形曲线、高平直曲线和低

平直曲线，各类反射率均值曲线如图5-5所示。

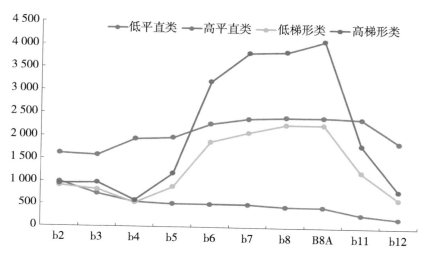

图5-5 内乡县Sentinel数据不同特征光谱曲线（2018年4月16日）

通过目视判断发现，高梯形曲线主要包括冬小麦等密植的植被类型，低梯形曲线主要包括乔木或灌木等体型较大的植被类型，高平直曲线主要包括裸地和建筑等地物类型，低平直曲线主要包括河、湖等水体。

2.光谱类型提取阈值确定

利用采样点不同类别间各波段反射率差异构建光谱类型分类决策树，不同类别间的决策树分类阈值如表5-6所示。

表5-6 Sentinel-2数据不同光谱类型提取阈值

波段	高梯形	低梯形	高平直	低平直
B2				<1 500
B3				<1 500
B4				<1 500
B5				<1 500
B6				<1 500
B7				<1 500

（续表）

波段	高梯形	低梯形	高平直	低平直
B8				＜1 500
B8A				＜1 500
B9				＜1 500
B10				＜1 500
B11				＜1 500
B12				＜1 500
b2+b3+b4+b11+b12			≤7 500	
Max（b7/8/8A）−b5−b11	＞900	≤900		

3.冬小麦阈值确定

冬小麦光谱曲线符合高梯形光谱曲线特征，利用表5-6所列阈值提取得到高梯形特征曲线对应的区域分布结果，如图5-6所示。

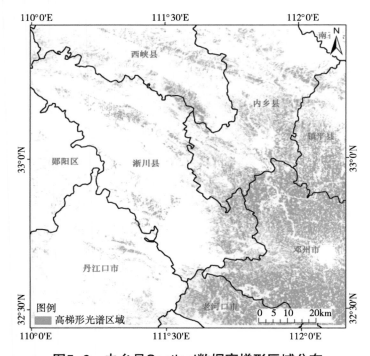

图5-6　内乡县Sentinel数据高梯形区域分布

从图5-6中可以看出高梯形区域主要分布于平原耕地区域及山区平缓的区域，平原耕地区域地物主要为冬小麦，山区平缓区域地物主要为山间杂草丛。

提取冬小麦需要进一步区分高梯形曲线内的冬小麦和非冬小麦类型。通过目视方式选定100个冬小麦样本点，计算各波段反射率的平均值，并绘制曲线，高梯形曲线与冬小麦曲线的特征如图5-7所示。

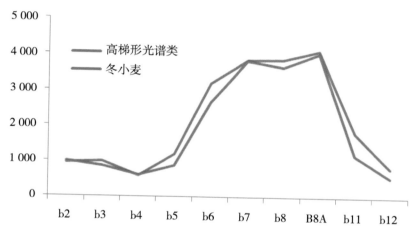

图5-7　内乡县Sentinel数据高梯形光谱与冬小麦光谱对比

利用冬小麦光谱曲线和高梯形光谱曲线各波段反射率差异构建冬小麦识别决策树，不同类别间的决策树分类阈值如表5-7所示。

表5-7　Sentinel-2数据高梯形光谱内冬小麦提取阈值

波段	高梯形	冬小麦
B5	>1 000	≤1 000
B6	>3 000	≤3 000
B11	>1 500	≤1 500
B12	>600	≤600

4.面积提取结果

在得到高梯形光谱区域基础上，基于表5-7中所列阈值将冬小麦进一步提取，提取结果如图5-8所示，结果显示高梯形光谱区域中内乡县西北部区域非冬小麦区域得到了有效剔除。

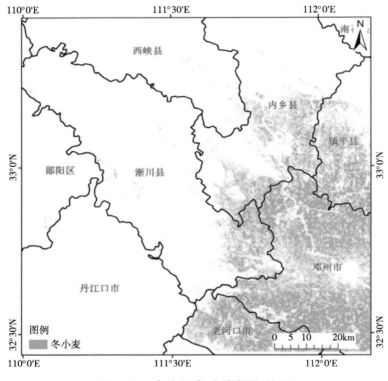

图5-8　内乡县冬小麦提取结果

5.面积提取精度评价

依据本底数据，对分类结果进行精度验证，结果如表5-8所示。从此表上可以看出，使用冬小麦NDVI加权指数方法结合自适应指数提取阈值计算方式获取的分类成果总体精度达到96.5%，其中冬小麦类别的制图精度达到了81.1%，用户精度达到94.2%，Kappa系数为0.85。

表5-8 基于Sentinel-2内乡县面积提取结果精度

作物类型	冬小麦/km²	其他/km²	总计/km²
冬小麦/km²	1 418.8	86.8	1 505.6
其他/km²	329.7	10 220.8	10 550.4
总计/km²	1 748.5	10 307.6	12 056.0
用户精度	94.2%	96.9%	
制图精度	81.1%	99.2%	
总体精度	96.5%	Kappa系数	0.85

二、基于Sentinel-2数据宝鸡市面积提取结果

基于第四章第二节部分所述面积识别方法，对宝鸡市冬小麦种植区域进行提取，提取结果如图5-9所示，图中可以看出冬小麦种植区域主要集中于凤翔县的南部和岐山县的中部区域。

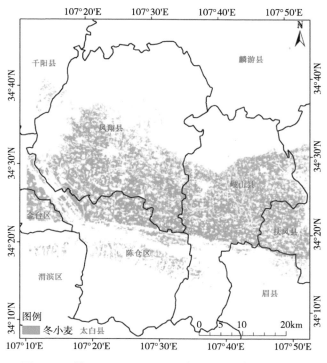

图5-9 基于Sentinel-2宝鸡市冬小麦提取结果

三、基于Sentinel-2数据西华县面积提取结果

基于第四章第二节所述面积识别方法，对西华县冬小麦种植区域进行提取，提取结果如图5-10所示，从此图中可以看出冬小麦种植区域广泛分布于西华县的整个县域。

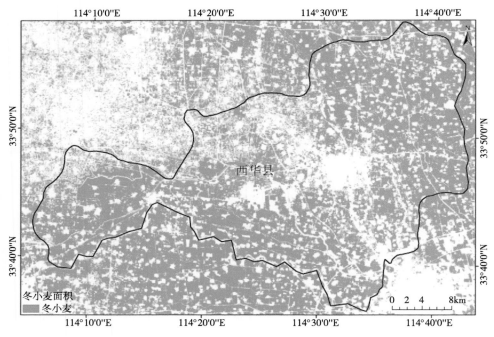

图5-10　基于Sentinel-2西华县冬小麦提取结果

第五节　基于 Sentinel-2 数据宝鸡市条锈病监测过程及结果

一、基于Sentinel-2数据WSRI算法的宝鸡市病害监测过程及结果

病害监测过程主要包括基于NDVI的自然分层、每层波段阈值确定、逐层病害指数的计算等过程。以宝鸡市条锈病监测为例说明条锈病监测过程。

1.遥感影像NDVI长势分级

计算研究区域的NDVI指数，并利用提取的冬小麦面积区域对NDVI指数进行掩膜，利用Natural breaks（Jenks）（组内方差最小，组间方差最大）方法，四舍五入取整对监测区域NDVI长势分级，分级结果如图5-11所示，图中可以看出冬小麦集中种植的区域长势也相对较好。

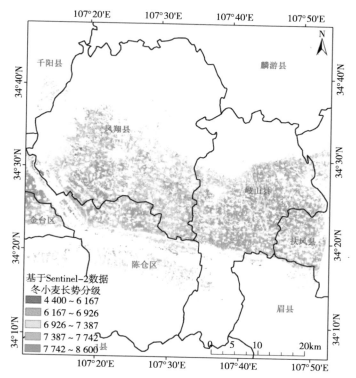

图5-11 基于Sentinel数据的宝鸡市冬小麦长势分级

2.基于宝鸡市Sentinel数据病害指数制图

采用Sentinel影像计算研究区不同长势级别下冬小麦条锈病指数，在计算过程中，为了避免出现负值，取冬小麦像元绿光波段最小值G_{min}、近红外波段最大值NIR_{max}作为正常不染病冬小麦的绿光和近红外反射率值，计算公式修改如下：

$$WSRI = a \times \frac{G_d - G_{min}}{G_{min}} + b \times \frac{NIR_{max} - NIR_d}{NIR_{max}}$$

宝鸡市NDVI分层阈值及各层绿光波段最小值及近红外波段最大值如表5-9所示。

表5-9 宝鸡市NDVI分层阈值及各层G_{min}及NIR_{max}

	第一层	第二层	第三层	第四层	第五层
NDVI分层阈值	4 400 ~ 6 167	6 167 ~ 6 926	6 926 ~ 7 387	7 387 ~ 7 742	7 742 ~ 8 600
绿光波段最小值G_{min}	502	460	425	407	376
近红外波段最大值NIR_{max}	3 832	3 688	3 673	3 737	3 947

将表5-9中的数据代入修改后的WSRI计算公式，得到研究区域条锈病病害指数分布结果，如图5-12所示，从此图中可以看出，条锈病病害指数分布较为均匀。

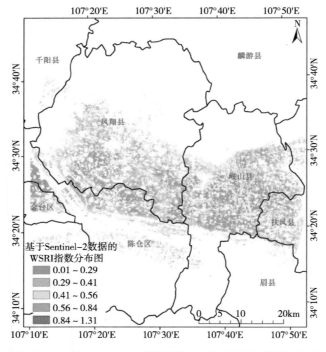

图5-12 基于Sentinel数据的宝鸡市WSRI指数分布

3.病害发病区域监测结果

为进一步确定病害发生区域，需要确定各层内不同发病等级的病害指数阈值。发病类型分为未发病、轻度发病、中度发病和重度发病4种情况。利用历史发病阈值及经验确定各级别发病阈值如表5-10所示。表中可以看出随着层数的增加，长势越来越好，病害的等级阈值也有相应的增加。

表5-10　宝鸡市不同层内条锈病发病级别阈值

	第一层	第二层	第三层	第四层	第五层
WSRI总体范围	[−0.02 ~ −2.09]	[0.09 ~ 1.76]	[0.20 ~ 2.27]	[0.15 ~ 1.68]	[0.13 ~ 2.03]
未发病WSRI范围	[−0.02 ~ 0.51]	[0.09 ~ 0.51]	[0.20 ~ 0.56]	[0.15 ~ 0.60]	[0.15 ~ 0.60]
轻度发病WSRI范围	[0.51 ~ 0.62]	[0.51 ~ 0.62]	[0.56 ~ 0.62]	[0.60 ~ 0.63]	[0.60 ~ 0.63]
中度发病WSRI范围	[0.62 ~ 0.71]	[0.62 ~ 0.71]	[0.62 ~ 0.73]	[0.63 ~ 0.73]	[0.63 ~ 0.73]
重度发病WSRI范围	[0.71 ~ 2.09]	[0.71 ~ 1.76]	[0.73 ~ 2.27]	[0.73 ~ 1.68]	[0.73 ~ 2.03]

基于表5-10中的阈值范围，对WSRI指数进行病害发病程度分级，分级结果如图5-13所示，从此图中可以看出，2018年宝鸡市条锈病发生较为普遍，尤其在凤翔县北部、岐山县北部和扶风县西部发病较为严重。

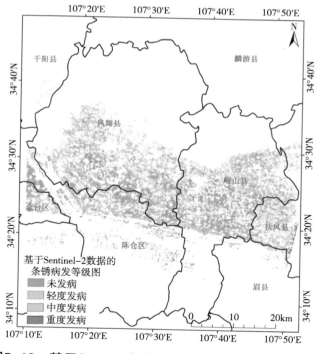

图5-13　基于Sentinel数据的关中平原条锈病发病等级

4.冬小麦发病范围地面调查

冬小麦条锈病发病范围地面调查内容主要用于确定病害模型参数的获取及精度验证。冬小麦条锈病发病范围与程度调查是基于地面调查点方式进行，地面调查点分布如图5-14所示。调查样点如图中黄色三角标志所示，样本点与基于高分地面监测的样本点一致，因为影像覆盖范围的差异，Sentinel数据覆盖区域中共计12个病害调查样点。

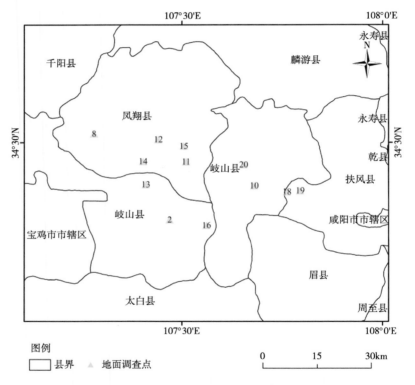

图5-14　宝鸡市冬小麦条锈病地面调查样点分布

5.病害监测结果精度验证

宝鸡市地面调查发病情况及遥感监测发病情况如表5-11所示。地面调查样点选择冬小麦种植面积相对较大，病害发病典型、发病程度较为均一的区域。地面调查过程中，严重度大于零即认定为发病，地面调查严重度等于零即为未发病。遥感监测过程中，反演WSRI指数不小于发病阈值即分类为发病等级，WSRI指数小于发病阈值即为未发病等级。

表5-11　宝鸡市发病情况准确率评价

样点编号	地面调查严重度（%）	地面调查结果	Sentinel_WSRI值	发病阈值	遥感监测结果	监测结果是否正确
2	5	发病	0.22	0.25	未发病	否
8	90	发病	0.40	0.25	发病	是
10	0	未发病	0.28	0.29	未发病	是
11	0	未发病	0.22	0.29	未发病	是
12	40	发病	0.33	0.29	发病	是
13	40	发病	0.28	0.25	发病	是
14	45	发病	0.32	0.25	发病	是
15	60	发病	0.28	0.25	发病	是
16	80	发病	0.39	0.25	发病	是
18	60	发病	0.34	0.29	发病	是
19	90	发病	0.40	0.25	发病	是
20	97	发病	0.59	0.25	发病	是

表5-11中可以看出，12个地面调查点中，发病的调查点个数为10个，未发病调查点个数为2个。基于Sentinel数据WSRI指数的监测结果中发病调查点个数为9个，未发病调查点个数为3个。仅编号为2的调查点实际发病情况为发病，遥感监测结果误判为未发病，其他11个点均判断正确。基于12个调查点的条锈病发病情况准确率达到了91.67%。

宝鸡市地面调查发病等级及遥感监测等级如表5-12所示。地面调查样点选择冬小麦种植面积相对较大，病害发病典型、发病程度较为均一的区域。地面调查过程中，严重度为零的为未发病等级，严重度不大于30%的为轻度发生等级，严重度不大于60%的为中度发生等级，严重度大于60%的为重度发生等级。遥感监测发病等级通过图5-13中所示的发病等级图读取。

表5-12　宝鸡市发病等级准确率评价

样点编号	地面调查严重度	地面调查病害等级	Sentinel_WSRI值	所属层	等级阈值	遥感监测病害等级	是否正确
2	5	轻度发病	0.22	4	[0.02~0.25]	未发病	否
8	90	重度发病	0.40	2	[0.35~1.00]	重度发病	是
10	0	未发病	0.28	5	[0~0.29]	未发病	是
11	0	未发病	0.22	5	[0~0.29]	未发病	是
12	40	中度发病	0.33	5	[0.33~0.38]	中度发病	是
13	40	中度发病	0.28	4	[0.27~0.38]	中度发病	是
14	45	中度发病	0.32	4	[0.27~0.38]	中度发病	是
15	60	中度发病	0.28	3	[0.30~0.35]	轻度发病	否
16	80	重度发病	0.39	2	[0.35~1.00]	重度发病	是
18	60	中度发病	0.34	5	[0.33~0.38]	中度发病	是
19	90	重度发病	0.40	2	[0.35~1.00]	重度发病	是
20	97	重度发病	0.59	1	[0.38~2.55]	重度发病	是

　　从表5-12中可以看出，12个地面调查点中，2个调查点的发病等级判断错误，其中编号为2的调查点实际发病情况为轻度发病，遥感监测结果误判为未发病；编号为15的调查点实际发病情况为中度发病，遥感监测结果误判为轻度发病；判断有误的调查点判断结果较实际结果均轻一个等级。其他10个调查点的发病等级均判断正确。基于12个调查点的条锈病等级情况准确率达到了83.33%。

二、基于Sentinel数据NIRSI_2指数宝鸡市病害监测过程及结果

1.基于宝鸡市Sentinel数据病害指数制图

　　采用Sentinel-2影像计算研究区冬小麦条锈病NIRSI_2指数，研究区域条锈病NIRSI_2指数分布结果如图5-15所示。理论上NIRSI_2指数越小，发病程度越严重。从此图中可以看出，凤翔县和岐山县整体北部麦区和西

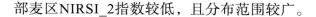

部麦区NIRSI_2指数较低，且分布范围较广。

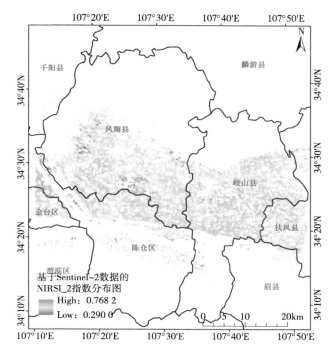

图5-15　基于Sentinel数据的宝鸡市NIRSI_2指数分布

2.病害发病区域监测结果

为进一步确定病害发生区域，需要确定各层内不同发病等级的病害指数阈值。发病类型分为未发病、轻度发病、中度发病和重度发病4种情况。利用历史发病阈值及经验确定各级别发病阈值如表5-13所示。从此表中可以看出随着层数的增加，长势越来越好，病害的等级阈值也有相应的增加。

表5-13　宝鸡市条锈病不同发病级别NIRSI_2阈值

发病等级	NIRSI_2范围
总体范围	0.290 0 ~ 0.768 2
未发病	0.645 0 ~ 0.768 2
轻度发病	0.620 0 ~ 0.645 0

（续表）

发病等级	NIRSI_2范围
中度发病	0.510 0 ~ 0.620 0
重度发病	0.290 0 ~ 0.510 0

　　基于表5-13中的阈值范围，对WSRI指数进行病害发病程度分级，分级结果如图5-16所示，从此图中可以看出，条锈病发病较为严重的区域为凤翔县北部、岐山县北部及扶风县西部等区域，与基于WSRI指数的监测结果一致。

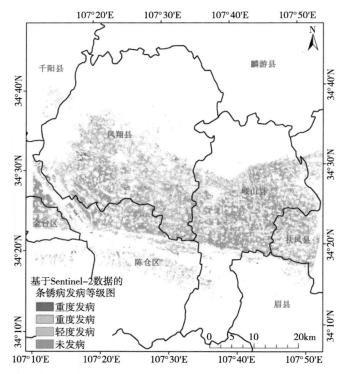

图5-16　基于Sentinel数据的宝鸡市条锈病发病等级

3.冬小麦发病范围地面调查

　　冬小麦条锈病发病范围地面调查内容主要用于确定病害模型参数的获取及精度验证。冬小麦条锈病发病范围与程度调查是基于地面调查点方式进行，地面调查点分布如图5-17所示。调查样点如图中黄色三角标志所示，样本点与基于高分地面监测的样本点一致，因为影像覆盖范围的差异，Sentinel数据覆盖区域中共计12个病害调查样点。

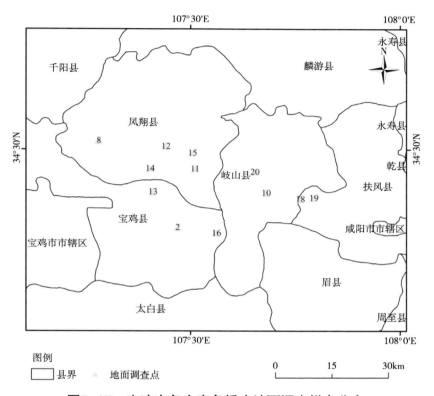

图5-17　宝鸡市冬小麦条锈病地面调查样点分布

4.病害监测结果精度验证

研究区地面调查发病情况及遥感监测发病情况如表5-14所示。地面调查样点选择冬小麦种植面积相对较大，病害发病典型、发病程度较为均一的区域。地面调查过程中，严重度大于零即认定为发病，地面调查严重度等于零即为未发病。遥感监测过程中，反演NIRSI_2指数不小于发病阈值即分类为发病等级，NIRSI_2指数小于发病阈值即为未发病等级。

表5-14　宝鸡市发病情况准确率评价

样点编号	地面调查严重度/%	地面调查结果	Sentinel_NIRSI_2	发病阈值	遥感监测结果	监测结果是否正确
2	5	发病	6 407	6 450	发病	是
8	90	发病	5 011	6 450	发病	是
10	0	未发病	6 640	6 450	未发病	是
11	0	未发病	6 483	6 450	未发病	是
12	40	发病	6 195	6 450	发病	是
13	40	发病	6 453	6 450	未发病	否
14	45	发病	5 980	6 450	发病	是
15	60	发病	5 838	6 450	发病	是
16	80	发病	5 517	6 450	发病	是
18	60	发病	6 812	6 450	未发病	否
19	90	发病	5 711	6 450	发病	是
20	97	发病	4 990	6 450	发病	是

从表5-14中可以看出，12个地面调查点中，发病的调查点个数为10个，未发病调查点个数为2个。基于Sentinel-2数据NIRSI_2指数的监测结果中发病调查点个数为9个，未发病调查点个数为3个。其中编号13和编号18的调查点实际发病情况为发病，遥感监测结果误判为未发病，其他10个点均判断正确。基于12个调查点的条锈病发病情况准确率达到了83.33%。

研究区地面调查发病等级及遥感监测等级如表5-15所示。地面调查样点选择冬小麦种植面积相对较大，病害发病典型、发病程度较为均一的区域。地面调查过程中，严重度为零的为未发病等级，严重度不大于30%的为轻度发生等级，严重度不大于60%的为中度发生等级，严重度大于60%的为重度发生等级。遥感监测发病等级通过图5-16中所示的发病等级图读取。

表5-15　宝鸡市发病等级准确率评价

样点编号	地面调查严重度	地面调查病害等级	Sentinel_NIRSI_2	等级阈值	遥感监测病害等级	是否正确
2	5	轻度发病	6 407	0.620 0 ~ 0.645 0	轻度发病	是
8	90	重度发病	5 011	0.290 0 ~ 0.510 0	重度发病	是
10	0	未发病	6 640	0.645 0 ~ 0.768 2	未发病	是
11	0	未发病	6 483	0.645 0 ~ 0.768 2	未发病	是
12	40	中度发病	6 195	0.510 0 ~ 0.620 0	中度发病	是
13	40	中度发病	6 453	0.645 0 ~ 0.768 2	未发病	否
14	45	中度发病	5 980	0.510 0 ~ 0.620 0	中度发病	是
15	60	中度发病	5 838	0.510 0 ~ 0.620 0	中度发病	是
16	80	重度发病	5 517	0.510 0 ~ 0.620 0	中度发病	否
18	60	中度发病	6 812	0.645 0 ~ 0.768 2	未发病	否
19	90	重度发病	5 711	0.510 0 ~ 0.620 0	中度发病	否
20	97	重度发病	4 990	0.290 0 ~ 0.510 0	重度发病	是

从表5-15中可以看出，12个地面调查点中，4个调查点的发病等级判断错误，其中编号13、编号18的调查点实际发病情况为中度发病，遥感监测结果误判为未发病；编号16、编号19的调查点实际发病情况为重度发病，遥感监测结果误判为中度发病；其他8个调查点发病等级均判断正确。基于12个调查点的条锈病等级情况准确率达到了66.67%。

第六节　基于 Sentinel-2 数据西华县条锈病监测过程及结果

采用Setinel-2卫星数据对河南西华县2018年条锈病发病情况进行了监测，监测过程如下。

一、基于Sentinel-2数据WSRI算法西华县条锈病监测

利用11景Sentinel-2影像通过第四章第二节中所介绍的冬小麦面积指数自动识别技术获得西华县的冬小麦面积，利用冬小麦面积结果对研究区域的NDVI影像进行掩膜处理，对掩膜后的NDVI影像进行自然分层，分层结果如图5-18所示。

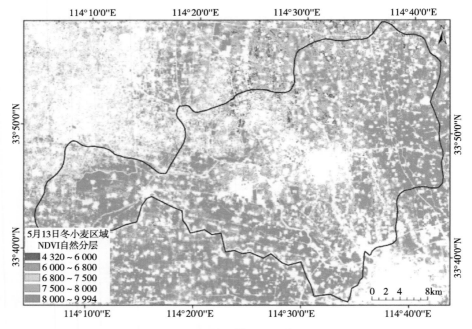

图5-18　西华县冬小麦NDVI自然分层结果

提取5个不同长势分层下，绿光波段的最小值和近红外波段的最大值，不同分层下波段阈值如表5-16所示。

表5-16　不同长势分层下，绿光波段的最小值和近红外波段的最大值

	第一层	第二层	第三层	第四层	第五层
NDVI分层阈值	4 320 ~ 6 000	6 000 ~ 6 800	6 800 ~ 7 500	7 500 ~ 8 000	8 000 ~ 9 994
绿光波段最小值GMIN	359	292	246	209	139
近红外波段最大值NIRMAX	4 052	4 185	4 464	4 677	4 689

单独计算每一层的病害指数（WSRI），分别计算不同长势分级下的条锈病遥感指数提取不同长势级别下发病区域，并进行同类合并，得到西华县条锈病发病情况监测结果，如图5-19所示。从此图中可以看出西华县2018年病害发病轻微，仅中西部地区有零星发病情况出现。

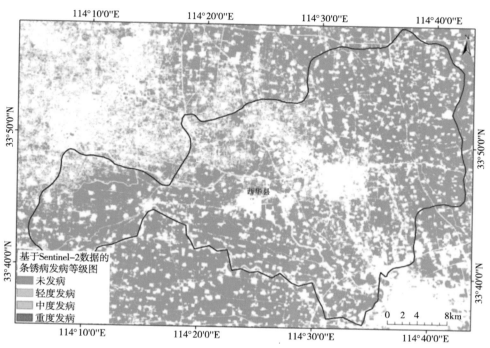

图5-19 基于Sentinel-2影像WSRI指数西华条锈病监测结果

二、基于Sentinel-2数据NIRSI_2指数西华县条锈病监测

利用第五章地第三节中所述的方法，得到NIRSI_2指数分布图，并基于经验阈值划定冬小麦条锈病发病等级，条锈病监测结果如图5-20所示，从此图中可以看出西华县全县条锈病发病轻微，仅北部区域有零星发生的情况。

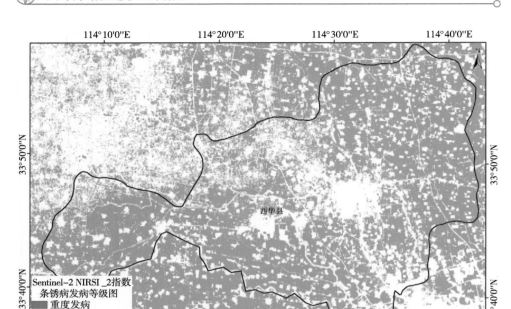

图5-20　基于Sentinel-2影像NIRSI_2指数西华条锈病发病监测结果

第七节　基于 Sentinel-2 数据内乡县条锈病监测结果

一、基于Sentinel-2数据WSRI算法内乡县条锈病监测

利用内乡县Sentinel-2影像通过第五章第四节中所介绍的冬小麦光谱类型阈值划分的识别技术获得内乡县的冬小麦面积，利用冬小麦面积结果对研究区域的NDVI影像进行掩膜处理，对掩膜后的NDVI影像进行自然分层，分层结果如图5-21所示。

单独计算每一层的病害指数（WSRI），分别计算不同长势分级下的条锈病遥感指数提取不同长势级别下发病区域，并进行同类合并，得到内乡县条锈病发病情况监测结果，如图5-22所示。从此图中可以看出内乡县2018年冬小麦种植面积较小，条锈病主要发生在种植相对集中的东部区域。

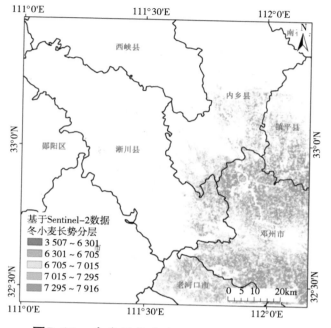

图5-21　内乡县冬小麦NDVI自然分层结果

图5-22　基于Sentinel-2影像WSRI指数内乡县条锈病监测结果

二、基于Sentinel-2数据NIRSI_2指数内乡县条锈病监测

利用第五章第三节中所述的方法，得到NIRSI_2指数分布图，并基于经验阈值划定冬小麦条锈病发病等级，内乡县条锈病监测结果如图5-23所示，从此图中可以看出内乡县发病较为严重的区域集中在东部区域。

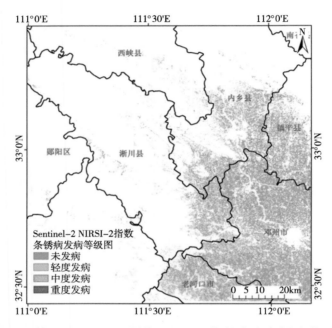

图5-23　基于Sentinel-2影像NIRSI_2指数内乡条锈病监测结果

参考文献

刘佳，王利民，杨福刚，等. 2019. 基于高光谱微分指数监测春玉米大斑病的研究[J]. 中国农学通报，35（6）：143-150.

Clevers JGPW, Gitelson AA. 2013. Remote estimation of crop and grass chlorophyll and nitrogen content using red-edge bands on Sentinel-2 and-3[J]. International Journal of Applied Earth Observation and Geoinformation, 23：344-351.

第六章
国外 Landsat 8/OLI 数据的条锈病监测应用

　　Landsat系列卫星数据是最为经典，也是最为常用的遥感数据源，在农作物面积（刘佳，2017）、长势（谭昌伟，2011）、墒情（杨文杰，2017）、产量（解毅，2017）、灾害（苏亚丽，2018）等方面都有广泛的研究与应用。Landsat 8/OLI是Landsat系列目前在轨运行的卫星，其所携带的波段与Sentinel系列类似，只是空间分辨率为30m，低于GF-1/WFV的16m空间分辨率、Sentinel系列的10～20m空间分辨率。同基于Sentinel数据应用类似，作者基于Landsat 8/OLI数据开展冬小麦条锈病遥感监测应用，目的是补充国产GF-1监测能力的不足，也是为了国产卫星病害敏感波段的研发奠定基础。

第一节　数据获取及预处理

一、数据获取

　　Landsat 8卫星于2013年2月11日发射，OLI是其携带的主要传感器，包括9个波段，分别是海岸/气溶胶（430～450nm）、蓝（450～510nm）、绿（530～590nm）、红（640～670nm）、近红（850～880nm）、短波红外1（1 560～1 660nm）、短波红外2（2 100～2 300nm）、卷云波段（1 360～1 390nm）、全色波段（500～680nm），除全色波段分辨率为15m外，其余波段的空间分辨率均为30m。该文使用了除卷云波段和全色波段之外的其余7个波段。表6-1为获取的宝鸡市条锈病病害监测所用OLI数据清单，图6-1为关中平原部分区域Landsat OLI影像示意。

表6-1　宝鸡市条锈病病害监测所用OLI数据清单

序号	Landsat OLI数据
1	LS8_C_20171102_032618_000000_128036_GEOTIFF_BJC_L4
2	LS8_C_20171204_032609_000000_128036_GEOTIFF_BJC_L4
3	LS8_C_20171220_032612_000000_128036_GEOTIFF_BJC_L4
4	LS8_C_20180114_031953_000000_127036_GEOTIFF_BJC_L4
5	LS8_C_20180121_032600_000000_128036_GEOTIFF_BJC_L4
6	LS8_C_20180206_032552_000000_128036_GEOTIFF_BJC_L4
7	LS8_C_20180222_032546_000000_128036_GEOTIFF_BJC_L4
8	LS8_C_20180427_032513_000000_128036_GEOTIFF_BJC_L4
9	LS8_C_20180513_032503_000000_128036_GEOTIFF_BJC_L4
10	LS8_O_20171026_032008_000000_127036_GEOTIFF_BJC_L4
11	LS8_O_20171026_032008_000000_127036_GEOTIFF_SNC_L4
12	LS8_O_20171102_032618_000000_128036_GEOTIFF_SNC_L4
13	LS8_O_20171204_032609_000000_128036_GEOTIFF_SNC_L4
14	LS8_O_20171220_032612_000000_128036_GEOTIFF_SNC_L4
15	LS8_O_20180121_032600_000000_128036_GEOTIFF_SNC_L4
16	LS8_O_20180206_032552_000000_128036_GEOTIFF_SNC_L4
17	LS8_O_20180303_031931_000000_127036_GEOTIFF_BJC_L4
18	LS8_O_20180404_031915_000000_127036_GEOTIFF_SNC_L4
19	LS8_O_20180427_032513_000000_128036_GEOTIFF_SNC_L4
20	LS8_O_20180513_032503_000000_128036_GEOTIFF_SNC_L4
21	LS8_O_20180522_031845_000000_127036_GEOTIFF_BJC_L4
22	LS8_O_20180529_032450_000000_128036_GEOTIFF_SNC_L4
23	LC08_L1TP_128036_20180614_20180614_01_RT

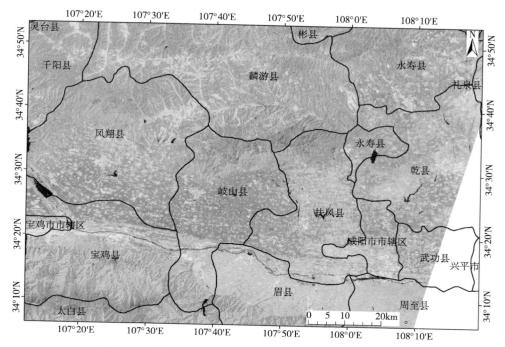

图6-1　关中平原部分区域Landsat OLI影像示意

二、数据预处理

数据预处理过程包括辐射定标、大气校正和几何精校正处理，全部过程使用ENVI 5.0软件进行处理。辐射定标采用的公式如下：

$$L=\text{Gain} \times \text{DN}+\text{Bias}$$

式中，$L_z(\lambda_z)$为波段中心波长为λ_z时，传感器入瞳处的光谱辐射亮度值［W/（$m^2 \cdot sr \cdot \mu m$）］，Gain为定标斜率，DN为影像灰度值，Bias为定标截距，Gain及Bias都由卫星数据供应方提供，并可从影像自带的元数据文件中直接读取。大气校正采用ENVI/FLAASH模块进行，采用影像自带的投影及定位坐标系统。

第二节　基于 Landsat 8/OLI 数据的病害监测方案

主要采用与GF-1/WFV相同的技术方案开展监测与分析。病害监测技术流程如图6-2所示，主要包括基于冬小麦面积指数的面积自动识别、利用冬小麦面积掩膜监测期NDVI、冬小麦面积范围内的NDVI长势分级、分级计算冬小麦条锈病病害指数和获取不同分级的冬小麦条锈病疑似分布区域等步骤。

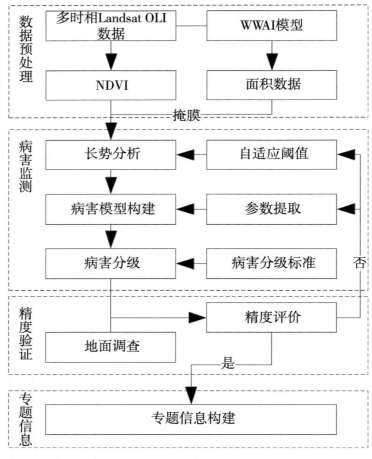

图6-2　基于Landsat OLI数据病害监测技术流程

92

第三节 基于 Landsat 8/OLI 数据的病害监测能力分析

基于Landsat OLI数据进行冬小麦条锈病监测主要包括冬小麦面积提取、冬小麦面积提取精度评价、冬小麦条锈病指数WSRI计算、冬小麦条锈病病情指数分级和冬小麦条锈病精度评价等内容。

一、基于Landsat OLI数据的宝鸡面积识别

基于Landsat OLI数据的面积提取过程主要包括选取样本点、加权NDVI指数（wNDVI）的计算、面积提取阈值的确定、获取冬小麦面积分布结果等过程（王利民等，2018）。以关中平原部分区域为例基于Landsat OLI卫星数据的冬小麦面积如图6-3所示。

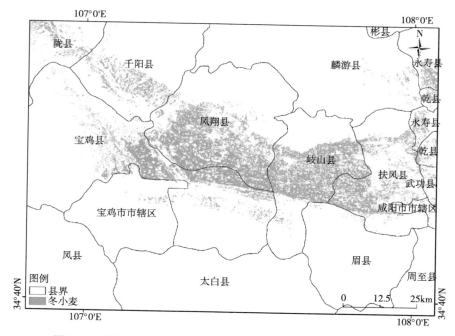

图6-3 基于Landsat OLI数据的关中平原冬小麦提取结果

依据本底数据，对分类结果进行精度验证，结果如表6-2所示。从表上可以看出，使用冬小麦NDVI加权指数方法结合自适应指数提取阈值计算方式获取的分类成果总体精度达到88.56%，其中冬小麦类别的制图精度达到了72.54%，用户精度达到89.54%，Kappa系数为0.72。

表6-2　基于Landsat OLI数据的关中平原冬小麦面积提取精度

作物类型	冬小麦（km²）	其他（km²）	总计（km²）
冬小麦/km²	452.86	52.91	505.77
其他/km²	171.43	1 283.41	1 454.85
总计/km²	624.29	1 336.32	1 960.62
用户精度	89.54%	88.22%	
制图精度	72.54%	96.04%	
总体精度	88.56%	Kappa系数	0.72

二、基于Landsat OLI的宝鸡市冬小麦条锈病监测结果

1.长势分级

计算研究区域的NDVI指数，并利用提取的冬小麦面积区域对NDVI指数进行掩膜，利用Natural breaks（Jenks）（组内方差最小，组间方差最大）方法，四舍五入取整对监测区域NDVI长势分级，分级结果如图6-4所示，从此图中可以看出冬小麦集中种植的区域长势也相对较好。

2.病害指数计算

采用Landsat OLI影像计算研究区不同长势级别下冬小麦条锈病指数，在计算过程中，为了避免出现负值，取冬小麦像元绿光波段最小值G_{min}、近红外波段最大值NIR_{max}作为正常不染病冬小麦的绿光和近红外反射率值，计算公式修改如下：

$$WSRI = a \times \frac{G_d - G_{min}}{G_{min}} + b \times \frac{NIR_{max} - NIR_d}{NIR_{max}}$$

依据公式得到研究区域条锈病病害指数分布结果，如图6-5所示，从此图中可以看出，整个关中平原条锈病指数较大的区域均有分布，西部条锈病指数整体高于东部。

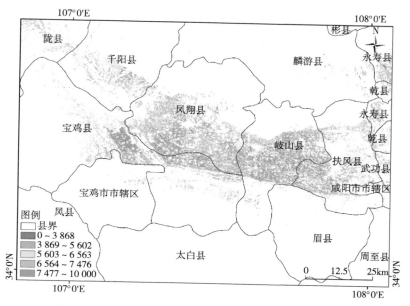

图6-4　基于Landsat OLI数据的冬小麦长势分级

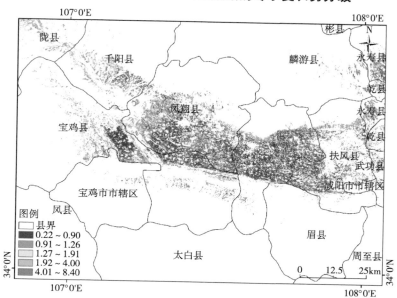

图6-5　基于Landsat OLI数据的宝鸡市WSRI指数分布

3.病害指数分级

为进一步确定病害发生区域，需要确定各层内不同发病等级的病害指数阈值。发病类型分为未发病、轻度发病、中度发病和重度发病四种情况。利用历史发病阈值及经验确定各级别发病阈值，对WSRI指数进行病害发病程度分级，分级结果如图6-6所示，从此图中可以看出，关中平原范围内冬小麦条锈病分布广泛，西部区域发病程度整体高于东部区域。

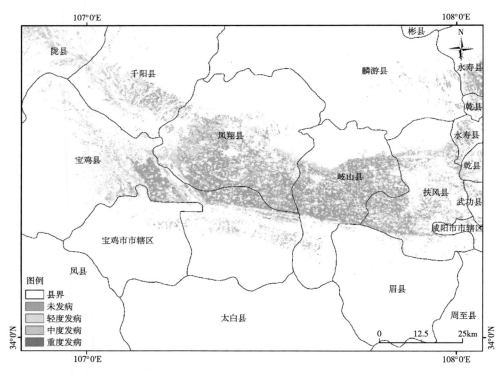

图6-6　基于Landsat OLI数据的关中平原条锈病发病等级

关中平原部分区域地面调查发病情况及遥感监测发病情况如表6-3所示。地面调查样点选择冬小麦种植面积相对较大，病害发病典型、发病程度较为均一的区域。地面调查过程中，严重度大于零即认定为发病，地面调查严重度等于零即为未发病。遥感监测过程中，反演WSRI指数不小于发病阈值即分类为发病等级，WSRI指数小于发病阈值即为未发病等级。

表6-3 关中平原区域（宝鸡市）发病情况准确率评价

样点编号	地面调查严重度/%	地面调查结果	GF_WSRI值	发病阈值	遥感监测结果	监测结果是否正确
1	10	发病	0.21	0.4	未发病	错误
2	5	发病	0.55	0.4	发病	正确
3	0	未发病	0.45	0.5	未发病	正确
4	5	发病	0.57	0.5	发病	正确
5	15	发病	0.56	0.5	发病	正确
6	30	发病	0.9	0.85	发病	正确
7	40	发病	1.09	0.85	发病	正确
8	90	发病	1.29	0.85	发病	正确
9	0	未发病	0.48	0.85	未发病	正确
10	0	未发病	0.67	0.85	未发病	正确
11	0	未发病	0.49	0.85	未发病	正确
12	40	发病	0.93	0.85	发病	正确
13	40	发病	0.94	0.85	发病	正确
14	45	发病	0.69	0.85	未发病	错误
15	60	发病	0.86	0.85	发病	正确
16	80	发病	0.71	0.85	未发病	错误
17	80	发病	1.34	0.85	发病	正确
18	60	发病	1.92	0.85	发病	正确
19	90	发病	2.14	0.85	发病	正确
20	97	发病	2.22	0.85	发病	正确

4.监测准确度评价

从表6-3中可以看出，20个地面调查点中，发病的调查点个数为16个，未发病调查点个数为4个。基于Landsat OLI数据WSRI指数的监测结果中发病调查点个数为13个，未发病调查点个数为7个。编号为14、编号为16的调查点实际发病情况为轻度发生，遥感监测结果误判为未发病，编号为1的实际情况发病，遥感监测结果误判为未发病，其他17个点均判断正确。基于20个调查点的条锈病发病情况准确率达到了85%。

关中平原区域（宝鸡市）地面调查发病等级及遥感监测等级如表6-4所示。地面调查样点选择冬小麦种植面积相对较大，病害发病典型、发病程度较为均一的区域。地面调查过程中，严重度为零的为未发病等级，严重度不大于30%的为轻度发生等级，严重度不大于60%的为中度发生等级，严重度大于60%的为重度发生等级。遥感监测发病等级通过图6-6中所示的发病等级图读取。

表6-4　关中平原区域（宝鸡市）发病等级准确率评价

样点编号	地面调查严重度	地面调查病害等级	GF_WSRI值	所属层	等级阈值	遥感监测病害等级	是否正确
1	10	轻度发病	0.21	1	[0.02～0.40]	未发病	错误
2	5	轻度发病	0.55	1	[0.49～0.63]	中度发病	错误
3	0	未发病	0.45	2	[0.43～0.50]	未发病	正确
4	5	轻度发病	0.57	2	[0.50～0.72]	轻度发病	正确
5	15	轻度发病	0.56	2	[0.50～0.72]	轻度发病	正确
6	30	轻度发病	0.9	3	[0.85～1.07]	轻度发病	正确
7	40	中度发病	1.09	3	[1.07～1.22]	中度发病	正确
8	90	重度发病	1.29	3	[1.22～2.22]	重度发病	正确
9	0	未发病	0.48	4	[0.35～0.85]	未发病	正确
10	0	未发病	0.67	4	[0.35～0.85]	未发病	正确
11	0	未发病	0.49	4	[0.35～0.85]	未发病	正确
12	40	中度发病	0.93	4	[0.90～0.96]	中度发病	正确
13	40	中度发病	0.94	4	[0.90～0.96]	中度发病	正确

（续表）

样点编号	地面调查严重度	地面调查病害等级	GF_WSRI值	所属层	等级阈值	遥感监测病害等级	是否正确
14	45	中度发病	0.69	4	[0.35 ~ 0.85]	未发病	错误
15	60	中度发病	0.86	4	[0.85 ~ 0.90]	轻度发病	错误
16	80	重度发病	0.71	4	[0.35 ~ 0.85]	未发病	错误
17	80	重度发病	1.34	4	[0.96 ~ 1.48]	重度发病	正确
18	60	中度发病	1.92	5	[1.82 ~ 2.03]	中度发病	正确
19	90	重度发病	2.14	5	[2.03 ~ 2.30]	重度发病	正确
20	97	重度发病	2.22	5	[2.03 ~ 2.30]	重度发病	正确

从表6-4中可以看出，20个地面调查点中，5个调查点的发病等级判断错误，其中编号为1的调查点实际发病情况为轻度发病，遥感监测结果误判为未发病；编号为2的调查点实际发病情况为轻度发病，遥感监测结果误判为中度发病；编号为14的调查点实际发病情况为中度发病，遥感监测结果误判为未发病；编号为15的调查点实际发病情况为中度发病，遥感监测结果误判为轻度发病；编号为16的调查点实际发病情况为重度发病，遥感监测结果误判为未发病。其他16个调查点发病等级均判断正确。基于20个调查点的条锈病等级情况准确率达到了75%。

参考文献

刘佳，王利民，姚保民，等. 2017. 基于多时相OLI数据的宁夏大尺度水稻面积遥感估算[J]. 农业工程学报，33（15）：200-209.

杨文杰. 2017. 基于Landsat 8生长时序遥感信息的玉米干旱监测研究[D]. 石河子：石河子大学.

解毅. 2017. 基于多变量和数据同化算法的冬小麦单产估测[D]. 北京：中国

农业大学.

谭昌伟，王纪华，赵春江，2011. 利用Landsat TM遥感数据监测冬小麦开花期主要长势参数[J]. 农业工程学报，27（5）：224-230.

苏亚丽. 2018. 耕地暴雨洪水灾害多源卫星遥感监测方法研究[D]. 西安：西安科技大学.

王利民，刘佳，杨福刚，等. 2018. 基于GF-1卫星遥感数据识别京津冀冬小麦面积[J]. 作物学报，44（5）：762-773.

第七章
冬小麦条锈病遥感监测原型系统开发

　　软件系统是技术固化的形式，软件系统开发是当前农业资源遥感监测最终、最高形式（杨邦杰，2003；邹金秋等，2010）。为保证冬小麦条锈病遥感监测过程的顺利实施，笔者在上述技术研究基础上，开发了相应的软件系统。以下，按照总体设计、模块设计、接口设计、功能界面等4个部分进行概述。

第一节　总体设计

一、运行环境

　　本系统运行的硬件环境、软件环境要求如表7-1、表7-2所示。

表7-1　系统运行硬件环境

序号	设备名称	设备主要技术指标
1	CPU	Xeon E 7 450及以上
2	存储设备	1TB及以上
3	内存	≥2G
4	显卡	显存≥1GB

表7-2　系统运行软件环境

软件类型	软件名	版本
系统软件	Windows	Win7及以上
应用支撑软件	ENVI	4.8及以上
应用支撑软件	.Net Framework	2.0+SP2
应用支撑软件	ArcGIS	10.2

二、总体架构

本模块主要分为支撑层、数据层、服务层和应用层产品。其中支撑层主要有计算机硬件和网络环境组成计算机业务支撑平台；数据层主要运行数据与数据管理模块；组件层主要由各种功能组件及服务组成；应用层主要包括数据管理、数据预处理、冬小麦面积识别、冬小麦条锈病受灾区域提取、专题制图等业务应用模块。系统的总体架构见图7-1所示。

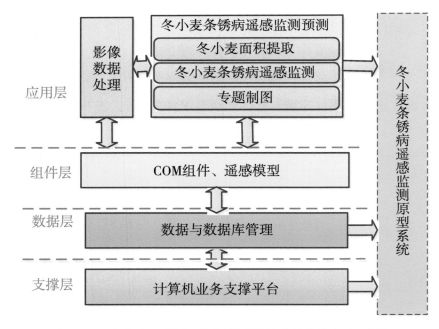

图7-1　冬小麦条锈病遥感监测原型系统总体组织结构

第二节　模块设计

本系统的功能模块包括基础功能模块、数据预处理模块、冬小麦面积识别模块、冬小麦条锈病受灾区域提取模块、专题制图模块等。

1.基础功能模块

该模块包括地图文档操作、数据添加、地图浏览等4个主要功能。

图7-2　基础功能模块界面

2.数据预处理模块

该模块包括金字塔构建、裁切、波段运算、波段叠加、图像重采样、二值化、NDVI计算、比值植被指数计算、差值植被指数计算、增强型植被指数计算。

图7-3　数据预处理模块界面

3.冬小麦面积识别

该模块包括分类ROI选取、最大似然分类、反距离权重、平行六面体、ISOData分类。

图7-4　面积识别功能模块界面

4.冬小麦条锈病受灾区提取

主要功能是条锈病受灾区域提取。

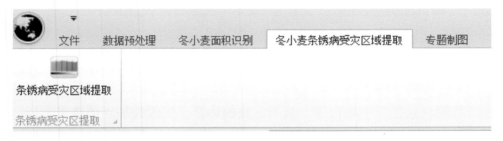

图7-5　受灾区域提取功能模块界面

5.专题制图功能

主要包括标题、文本、图例、指北针、图形比例尺、文本比例尺、格网、边框、制图控制、报表生成等模块。

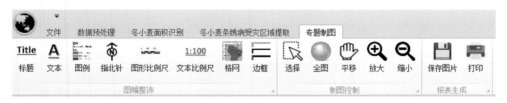

图7-6　专题制图功能模块界面

第三节 接口设计

1.用户接口

本系统用户界面将按照用户日常业务操作习惯，结合通用的设计规则进行设计，使得页面整体布局合理，页面元素美观大方、突出业务特点，在具体的录入表单中，提供录入项之间的灵活导航，提高操作效率。对于特殊项（如非空项、选择项等）以醒目的方式显示，在用户操作中发生的系统异常或操作错误，以对话框形式进行友好的提示。

2.外部接口需求

本系统无外部接口需求。

3.内部接口需求

本系统包括数据的加载显示、数据预处理、冬小麦面积提取、冬小麦条锈病受灾区域提取和专题制图模块，各个主要模块直接通过数据流进行衔接，需要相应的数据接口。

4.出错设计

系统出错处理采用try-catch形式，对系统所有异常（包括系统异常，业务异常，数据库异常等）全部抛出到展现层，设计错误界面捕获错误并向用户展示错误信息。

系统设计异常基类，配置统一的异常机制和公用错误信息，每个子系统有独立的异常类继承基类，配置各子系统错误信息。

第四节 功能界面

系统的登录界面、主界面、功能界面展示如下。

图7-7 原型系统登录界面

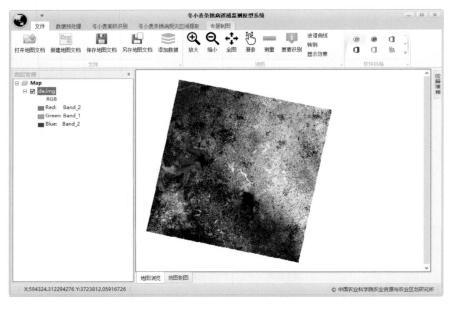

图7-8 原型系统主界面

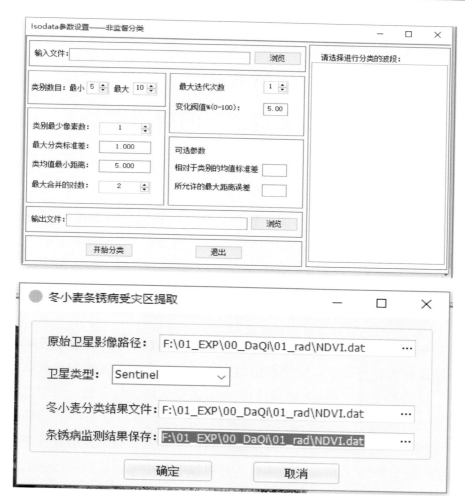

图7-9　原型系统功能界面

参考文献

杨邦杰，裴志远. 2003. 国家级农情遥感监测系统的开发、运行与关键技术研究[J]. 农业工程学报，19（增刊）：11-14.

邹金秋，周清波，陈仲新，等. 2010. 农情遥感监测与服务系统集成研究[J]. 中国农业资源与区划，31（5）：12-17.

第八章
农作物病害遥感监测应用前景

基于遥感技术开展冬小麦条锈病遥感监测研究，可以准确区分冬小麦条锈病发生的范围，监测精度一般都达到85.0%以上，具有业务应用的能力。

一、遥感技术的发展支持区域尺度的遥感监测

从遥感监测数据源分析，在以往的研究中以高光谱数据源居多，由于在轨运行的高光谱卫星遥感数据很少，而航空高光谱遥感数据获取能力有限，使得基于高光谱遥感指数的监测方法受到极大的限制，采用宽波段遥感影像开展农作物病害遥感监测研究成为数据源限制条件下的必然选择。事实上，笔者所承担的中国农业农村部农业灾害遥感监测业务中，基于国产GF-1/WFV数据，已经实现了省级尺度冬小麦条锈病的遥感监测。图8-1给出陕西省的监测结果。

二、宽波段遥感数据的病害遥感监测能力逐步得到认识

从遥感监测方法分析，基于高光谱数据构建遥感监测指数的目的，主要是基于高光谱数据谱段相对较窄，对病害的反应相对更为敏感的认识，构建的光谱指数表达的染病与正常区域的差异更大，更容易提取农作物病害发生区域；以往有许多研究观测结果都表明宽波段数据对病害响应同样具有敏感性（王利民等，2017；张竞成，2012），该书的研究结果也证明了这个观点。

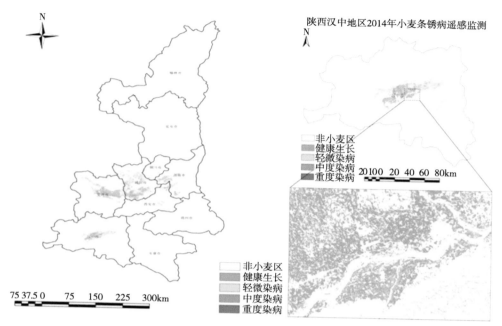

图8-1　基于GF-1/WFV数据陕西省2014年条锈病发病监测

三、监测效率能够满足区域尺度遥感监测的需要

从监测效率分析，中高空间分辨率卫星数据，特别是GF-1/WFV数据的预处理（刘佳等，2015）、冬小麦类型识别技术都相对比较成熟（王利民等，2016），以该书所述监测结果为例，县级尺度的冬小麦病害范围信息的获取能够在3d之内完成，能够满足业务监测的需求。

四、病害遥感监测精度影响因素的研究也逐步得到深入

需要指出的是，由于遥感影像是依据光谱差异性特征开展病害遥感监测的，这个差异化的特征可能会受其他长势因素影响，造成监测精度的下降。提高遥感监测精度方法有几条途径，一个是采用气象数据对监测区域进行预测，对气象病害可能发生的区域进行遥感监测，能够有效去除作物长势差异等造成的病害误判（王利民等，2017）；另一个方式是监测范围较小的情况，气象、长势等影响病害的因素相对一致，根据地面调查结果

判定光谱差异是病害造成的情况下，直接进行病害遥感监测，这也是该文使用的方案。

五、农业需求是病害遥感监测业务发展的根本动力

目前全国作物病虫害植保作业是一个百亿至千亿级规模的市场，病害遥感监测的技术成果有望促进植保产业朝向绿色、科学、高效的方向发展。随着技术的完善、成熟和精度提高，研究成果将对农业管理部门开展全国大范围的作物病虫害宏观测报和防控决策产生重要支持作用，有望能减少病虫害调查的人力、物力，并减小用于支撑测报的调查数据的主观误差。此外，病虫害大范围监测特别是早期预警对于植保防控工作的指导有重要意义。

参考文献

王利民，刘佳，张竞成，等. 2017. 中国农业灾害遥感监测病害卷[M]. 北京：中国农业科学技术出版社.

刘佳，王利民，杨玲波，等. 2015. 基于6S模型的GF-1卫星影像大气校正及效果[J]. 农业工程学报，31（19）：159-168.

刘佳，王利民，杨玲波，等. 2015. 基于有理多项式模型区域网平差的GF-1影像几何校正[J]. 农业工程学报，31（22）：146-154.

王利民，刘佳，杨玲波，等. 2016. 基于NDVI加权指数的冬小麦种植面积遥感监测[J]. 农业工程学报，32（17）：127-135.

王利民，刘佳，杨福刚，等. 2017. 基于GF-1/WFV数据的冬小麦条锈病遥感监测[J]. 农业工程学报，33（20）：153-160.

张竞成. 2012. 多源遥感数据小麦病害信息提取方法研究[D]. 杭州：浙江大学.

图目录

表目录